# 气场

## 你的魅力何来

谢 普／编著

重塑心灵能量，揭开人与人之间相互影响的秘密
为你打开隐藏了千年的秘密之门

台海出版社

图书在版编目（CIP）数据

气场：你的魅力何来/谢普编著．—北京：台海
出版社，2018.12(2021.10重印)
ISBN 978 - 7 - 5168 - 2189 - 3

Ⅰ.①气… Ⅱ.①谢… Ⅲ.①成功心理 - 通俗读物
Ⅳ.①B848.4 - 49

中国版本图书馆 CIP 数据核字（2018）第 268944 号

气场：你的魅力何来

编　　著：谢　普

出 版 人：蔡　旭　　　　　　　版式设计：凤苑阁
责任编辑：徐　玥　　　　　　　装帧设计：于　芳

出版发行：台海出版社

地　　址：北京市东城区景山东街 20 号　邮政编码：100009

电　　话：010 - 64041652（发行，邮购）

传　　真：010 - 84045799（总编室）

网　　址：www. taimeng. org. cn/thcbs/default. htm

E - mail：thcbs@ 126. com

经　　销：全国各地新华书店

印　　刷：三河市悦鑫印务有限公司

本书如有破损、缺页、装订错误，请与本社联系调换

开　　本：640mm×920mm　　　　　1/16

字　　数：150 千字　　　　　　　印　张：14

版　　次：2019 年 1 月第 1 版　　印　次：2021 年10月第 5 次印刷

书　　号：ISBN 978 - 7 - 5168 - 2189 - 3

定　　价：39. 80 元

# Contents ╱ 目 录

# 第一章
# 了解气场：气场决定了你事业的高低

我们在评论某一个人的时候，说他的气场如何如何，那么经常被挂在嘴边的气场到底是什么呢？可能很多人对气场这个概念认识还很模糊。

我们都学过物理，物理学上记录了磁铁有南北两极，南北两极存在磁场。而地球就有南北两极，犹如一块大大的磁铁。生活在地球上的人类，其实也是有磁场的。一个人身上散发的"磁场"就是我们通常说的气场。

# 气场推送给我们的消息

气场，似乎是人们熟知而又不易捉摸的概念，大有"只可意会，不可言传"的意味。个人的气场就是指一个人的性格、言谈举止形成的个人魅力及其影响力，带有很强的个性化因素。而人们往往只会注意到气场强大的人。因此，在人际交往中，有很多人一出场就成为众人瞩目的焦点，而有的人，则存在感很低，实际上这都是由每个人的气场决定的。

一个拥有强大气场的人，无论走到哪里，都会成为众人瞩目的焦点。因为气场是由内而外散发出来的力量，这样的人吸引着身边的每一个人。

气场，属于一种内在美、内在的气质，是以一个人的文化、知识、思想修养、道德品质为基础的，通过对待生活的态度、情感、行为等直观地表现出来。

那么到底什么才是气场呢？恐怕谁也不能用三言两语说清。活泼可爱是一种气场，端庄优雅也是一种气场，摩登其实也算是一种气场。多数人最喜欢的是那种自然平和的气场，让人觉得舒服、安详、愉悦。但无论哪种气场，势必通过一个人的言谈举止和外在装扮流露出来，所以说，要想成功地突出自己的气场，首先就要明确自身特点，根据自己的先天条件来塑造外在形象。

简单说，我认为一个人的气场是指一个人内在涵养或修养的外在体现。气场是内在修养不自觉的外露，而不仅是做足表面功夫就行。很多人为了能让自己成为焦点，或者为了显示自己与众不同，用华丽的衣服装饰包装自己。但是，效果却不好，反而给别人肤浅的感觉。是什么原因呢，很简单，没有气场。所以，假如想要提升自己的气场，做到气场出众，除了穿着得体，说话有分寸之外，还要不断提升自己的知识储备、品德修养，不断丰富自己。

在现实生活中，有强大气场的人，的确能吸引大家的目光，让众人追随。比如外貌秀丽、举止端庄、性格温柔的人，让人感受到恬静的静态气场；身材魁梧、行动矫健、性格豪爽的人，让人感受到粗犷的动态气场；外貌英俊、举止文雅、性格沉稳的人，让人感到高洁优雅的气场。

报纸上曾经登过这样一个例子。

李东临是某地的农民，从来没有出过远门。为了增长见识，他报名参加了一个国际旅行团，从没有出过国门的他既胆怯又好奇。

导游为大家安排了不错的饭店，每个人都有自己独立的房间，饭店的服务也不错，免费供应早餐，并且有专人送上门。

早晨，服务生来敲门送早餐时大声说道："Good Morning，Sir！"

李东临愣住了。他不懂英语，完全不知道这是什么意思。但是，他不想让人家觉得自己不懂，面子很重要。于是他想，在自己的家乡，一般陌生的人见面都会问："您贵姓？"也许这个也是问自己叫什么的意思吧。

于是李东临大声叫道："我叫李东临！"

如是这般，连着三天，都是那个服务生来敲门，每天都大声说："Good Morning，Sir！"而李东临亦大声回道："我叫李东临！"

但他觉得很奇怪，这个服务生天天问自己叫什么，到底是怎么回事啊？终于他忍不住去问导游，"Good Morning，Sir"是什么意思，导游告诉他，是"早上好"的意思。还告诉他，假如有人这么和他说，那他也应该回应一句："早上好。"

李东临这才知道自己闹了笑话，于是他回到房间反复练习"Good Morning，Sir"，以便能体面地应对服务生。

又一天的早晨，服务生照常来敲门，门一开，李东临就大声叫道："Good Morning，Sir！"

与此同时，服务生叫的是："我是李东临！"

我相信大家都觉得有点好笑。但是，为什么会出现这样的情景呢？很简单，在双方对彼此都不熟悉的情况下，谁更能征服对方呢？我们说是气场强的那个人。因为李东临一直气场很足地喊"我是李东临"，服务生被他的气场征服了，认为应该说"我是李东临"，所以，改变了自己的行为。有一句话说："狭路相逢，勇者胜。"在社会上，人际交往中、工作生活中，我们可以说，气场强的人，更容易得到大家的认同，更容易被大家接受。

一个人的气场同时也是其个性的外在表现。每个人的气场就是这个人与众不同之处，就是一个人在思想、性格、品质、意志、情感、态度等方面不同于其他人的特质，这个特质表现于外就是他的语言方式、行为方式和情感方式等，任何人都有自己独特的气场，而气场也决定了一个人是否能成为一种个性化的存在，个性化是人的存在方式。

说到这，我想很多人应该能够明白什么是气场了。气场是一个人自身所特有的属性，是个人内在的东西由内及外散发出来的形成的氛围。

尽管如此，气场绝不是一成不变的。因为现实生活非常复杂，随着社会风尚和生活条件、教育条件的变化，随着个人年龄的增长，通过主观的努力，等等，气场可能会发生某种程度的改变。

我相信很多人听过下面这个典故：士别三日，当刮目相待。

吕蒙是三国时期吴国的一员勇将，可惜的是，他没有读过几天书，为人比较粗鲁。孙权劝说他多读一点书。

吕蒙推托说："在军营中常常苦于事务繁多，恐怕不容许再读书了。"

孙权说："我难道要你去钻研经书做博士吗？只不过叫你多浏览些书，了解历史往事、增加见识罢了。你说谁的事务能有我这样多呢？"

吕蒙觉得孙权说的有道理，于是开始认真看书，到后来，可以称得上是博览群书。

鲁肃掌管吴军后，上任途中路过吕蒙的军营，吕蒙摆酒款待他。鲁肃不知道吕蒙已经是个学富五车的绝学之士了，在酒宴上两人纵论天下事时，吕蒙的谈吐让鲁肃大吃一惊。酒宴过后，鲁肃感叹道："我一向认为老弟只有武略，时至今日，老弟学识出众，确非吴下阿蒙了。"吕蒙道："士别三日，当刮目相待。"

昔日的阿蒙都可以让人刮目相看，所以，气场弱的朋友们，不要气馁，从现在开始，努力丰富自己的学识、提高自己的修养。总有一天，也可以让人刮目相看。

# 每一个优秀的人，都有强大的气场

纵观历史，但凡做出一番了不起的事业的人都有强大的气场。或许普通人无法分辨，但凡有慧眼者必能"惊为天人"。

清朝光绪年间，清政府腐败无能，列强肆意妄为，有识之士纷纷出国留学。

有一个广东青年就是这样的有识之士，他对中国的未来有很多自己的构想。有一次青年路过武昌总督府，想见见一直在搞洋务运动的两广总督张之洞，就让门卫传了张便条。便条上写的是："学者××求见张之洞兄。"

张之洞见此人称自己为"兄"，就问门卫："你看他是个什么人？"

门卫回答："只是个书生。"

张之洞毕竟久居高位，因此对这个青年的冒昧有些不太高兴，但见字条上的字迹十分周正漂亮，又有了几分兴趣，便提笔在便条上写道："持三字帖，见一品官，儒生妄敢称兄弟？"

门卫将字条递给门外的青年，青年看后，也要来笔墨，在便条上写道："行千里路，读万卷书，布衣亦可傲王侯。"

门卫再把字条交给张之洞，张之洞一见大惊，忙道："快把他请进来。"于是，两人就中国的未来展开了一番长谈。

后来，青年做了几年医生，再后来发表了一些激进的文章，被清政府通缉，便流亡日本。他回国后领导了革命，成为中国民主革命伟大的先行者。

这个青年的名字叫孙中山。

张之洞从孙中山的对联中就能看出此人不凡，这也来自孙中山的自信以及他的气场。很多古代帝王或伟人，为何能让本领比自己强的人士肝脑涂地？也是源于他们的气场。我们可以想象，为何张良能在刘邦落魄之时对他忠心耿耿？诸葛亮为何能在刘备无权无势的时候出山辅佐？因为他们被对方的气场所影响，他们认定对方必定不是等闲之人。即使当时刘邦只是一个小小的亭长，刘备曾是织席贩履之人。

事实证明，张良和诸葛亮的眼光没有错。古往今来，但凡成就功业的人，都有一个异常强大的气场。

20世纪末，IT（信息技术）业巨头微软公司为了扩展中国市场的业务，决定招收一名高级管理人员。

经过几轮筛选，只有三个人进入最后一轮面试：一个是名牌大学的博士，现在已经拥有多项发明专利；一个正在另一家电子公司担任要职；一个是女性，做过护士，没有正规的大学学历。

第一位面试者是名校博士。这轮面试在一间很大的屋子里进行，微软中国区的几位负责人坐在一张大桌子后面。他们指了指前方，对面试者说："你好，请坐。"

但意料之外的事情发生了，桌子前方根本没有椅子、凳子或任何可以坐的地方。这让博士极为尴尬。而另一位考官又说了句："请坐下来谈。"博士马上被催促得不知所措。

几位考官互相看了看，其中一位说："那好吧，站着谈也行。"这样博士才稍稍平复了心情，用紧张的语言复述了一遍自己光鲜的简历。三分钟后，面试结束。

第二位面试的是那位曾担任要职的人。他一进考场，也同样被考官要求坐下来谈。而他的表现比第一位博士好，他露出谦卑的笑容，主动说："没关系，站着谈也行。"

于是他向考官们复述了一遍自己的优势。这场面试持续了五分钟。

最后面试的是那位前女护士。她一进门，四处看了看，发现屋子里没有多余的椅子，便马上问道："对不起，我能去外面搬一把椅子吗？"

女士搬了把椅子，而考官们与她聊了整整一个小时。

三天后，她成了微软中国区的一位总经理。很多人不理解，她是女性，没有傲人的学历，没有光鲜的履历，怎么可能胜任这样重要的职位呢？

微软的几位负责人这样回答："连自己搬一把椅子的勇气都没有，这样的人怎么可能开拓市场？没有自己的思想和见解，一切经验和学识都毫无价值。"

事实证明了他们的看法。这位女士用三个月就完成了全年销售额的百分之一百三十，成功帮助微软打开了中国市场，她就是打工皇后吴士宏。

那几位负责人并不看重一个人的履历，他们重视的是一个人的气场。所以，前两位看起来很出色的竞争者均遭淘汰，就是因为他们的气场不够强大。正如负责人所说："连搬一把椅子的勇气都没有，这样的人怎么可能开拓市场？"

确实，在生活中，我们会经历很多这样的场合。你做了一件正确而且平淡无奇的事，但由于环境和人为的因素，这件小事竟有了特殊的意义——搬椅子就是这样的小事。

此时，选择向环境和人为因素折服的人，往往气场较弱；而坚持自我、坚持做完那件正确的事的人，必定拥有强大的气场。

# 气场蕴藏在正能量里

积极的气场产生积极的能量，消极的气场产生消极的能量。所以，当你遇到不顺心的事情时，不要怨天尤人，冷静下来想想，是否因为你的执着不够。

1929年4月24日，星期四，第一次世界大战之后确立了世界强国地位的美国沉浸在经济飞速发展的喜悦之中。大街上人们谈论的都是股票、房子和汽车。

然而还不到中午的时候，美国金融毫无预兆地崩溃了，许多股票的下跌速度连股票行情自动显示器都跟不上，5000多亿美元在一夜之间打了水漂儿。

然而这只是灾难的序曲，在接下来的四年中，8600家企业破产，5500家银行倒闭，失业人口激增十倍有余，整体经济倒退了十五年。

尽管面临危机的胡佛总统采取了一些应对经济危机的措施，但最终都宣告失败。

在接下来的总统选举中，富兰克林·罗斯福以压倒性的优势战胜了胡佛，当选为美国总统。而他的竞选演讲则带给在绝望中苦苦挣扎的美国人以希望，他说："我们唯一害怕的东西，就是害怕本身，这种难以名状、失去理智和毫无道理的恐惧，麻痹人的意志，使人们不去进行必要的努力，并把人的种种努力化为泡影……单纯地坐而论道是于事无补的，我们必须行动起来！"

罗斯福，这个因身患小儿麻痹而致残的人有一种特有的温和气质。他告诉人们，经济危机并不可怕，可怕的是人们自己的绝望，只要还有希望，美国就有救。

美国民众听完他的话，并没有感动得痛哭流涕，也没有激动得奔走相告，而是默默地回家了。他们有的或许还在迷茫，有的已经振奋起来开始找新的出路，但无论如何，他们已经不再恐惧和绝望。

接下来，罗斯福开始了一系列新政：挽救银行信用、改革金融体系和货币制度、让美元贬值、改组政府职能、加强对农业与工业的调节、兴办大型公共事业、建立社保制度等。

然而他面临的困难相当大，美国最高法院和参众两院受共和党的影响很大，所以不停地给罗斯福出难题。

罗斯福一方面扩大政府职权与最高法院以及两院博弈，另一方面坚定地执行着新政，使新政的成果不因政治斗争而付之东流。

接下来，人们发现关闭了许久的银行重新开张，荒废了许久的农场和工厂重新开工。渐渐地，他们发现找工作不再那么困难，而即使找不到工作，政府的社保机制也会保证他们的温饱。人们重拾自信，经济开始复苏！

短短两年，美国经济增幅就超过了百分之五十。而到了1940年，美国经济完全恢复到了原来的水平。

罗斯福是美国有名的总统之一，他不但带领美国人战胜了经济危机，还取得了第二次世界大战的胜利。而他的强大之处，在于他总是能让事情朝着自己希望的方向发展。

不只是他，很多美国总统都有这种能力。在乔治·华盛顿的领导下，军事力量居于绝对劣势的大陆军得到了法国的支持；在林肯的领导下，节节败退的北方军奇迹般地战胜了南方的奴隶主……

这些总统是用什么力量影响身边的人呢？

是气场！

一个人有自己的气场，周围的任何事物都有自己的气场。气场可以说是一种能量场，而两个能量比较类似的气场之间有着强大的吸引力。正如有一句名言所说："真正开心快乐的，永远是那些希望自己开心快乐的人。"

当一个人希望自己开心快乐的时候，他自身的气场里就会增加开心快乐的能量因子，周围其他事物中这类能量因子比较多的气场就会被他吸引。所以当你每天都是开开心心的时候，你身边开开心心的朋友就会越来越多；而假如你经常愁眉不展，那你交的朋友也可能大多都是经常愁眉不展的。

不只是交友，我们在生活中经常发现，一个自卑和懦弱的人往往运气也特别差；而假如这个人某一天变得自信了，他的运气似乎会突然好起来。

这不是简单的运气，而正是玄妙的气场在起作用。一个认为自己不行的人，他的气场也会随之变得消极，并产生消极的能量，而此人只会越来越不行。

所以，你只有真正希望自己快乐，希望自己富有，希望自己健康，你才会获得快乐、财富和健康。

# 气场越强，影响力就越大

历史上有这样一种人，他们一呼百应，成为万人的领袖；还有些人口才出众，使强者都听从他们的意愿。这些成功的领袖、偶像、说客，都有口吐莲花的本事。他们的话容易使人信服，能让他人改变自己的观点。有的时候，我们回过头仔细想想，他们灌输的观点不一定正确，但在当时却能使所有人认同。

拿破仑在最鼎盛的时期，统治了法兰西、意大利、莱茵邦联、瑞士联邦……几乎整个西欧都受他统治。就在这个时候，他在西班牙的军事行动遭受了挫折。法兰西军团的士气有所下降，而为了提升士气，同时继续扩张他的征服版图，他做了一个决定：入侵沙俄。

我们今天都知道，俄国几乎是一个不可被征服的国家。它的战略纵深极大，冬季气温极低且时间极长，而且俄国人民勇猛剽悍，现在西方各国还有着"你要去跟俄国人肉搏吗"的谚语，意为不自量力。

所以，当拿破仑召见他的将军们讨论入侵俄国的时候，一名将军当即就提出了质疑，其他几乎所有人都跟着附和。

拿破仑敲了敲桌子，从怀里拿出《提尔西特和约》（法国与俄国签订的合约，合约规定俄国退出反法同盟，两国互不侵犯），环顾诸将，大声说道："从土伦战役到今天，无数看似强大的敌人挡在我面前，但你们想想，他们中有一个人真正配做我的对手吗？纳尔逊（英国海军统帅，带领英国海军在特拉法尔加海战中击败法国海军）或许厉害，但他也只能在海上逞能。

"而那些比纳尔逊还要强大的对手呢？在橄榄树荫下，他们说意大利永远不会投降；在法老的土地上，他们说埃及永远不会臣服。今天，他们无话可说。他们畏惧我如同畏惧闪电和雷鸣、死亡和海啸。因为我是拿破仑——你们的皇帝！而今天，在森林与暴雪的国度，他们又说沙俄永远不会被击败。所以，我要让他们同样无话可说。烧了它！"

然后，他把《提尔西特和约》交给侍者，侍者听从命令烧掉了和约。诸将群情激奋，再没有一个人反对出兵俄罗斯。

当然，我们都知道后来发生了什么：法军在拿破仑的带领下，一开始高歌猛进、势如破竹，但最后不敌俄国的坚壁清野战术，疲惫不堪，输给了俄国人。反法同盟乘机不断打击法国，最终拿破仑战败被囚。拿破仑入侵俄国被认为是他一生中最大的战略失误。

但当时受到他鼓动的将军们可不这么认为，他们放弃了自己理智的选择，因为他们被拿破仑强大的气场所笼罩，意志力自然屈从于拿破仑。这就是所谓的"气场说服力"：气场强大的人会令他人听从自己，当这种力量足够强大的时候，就会像拿破仑那样改变别人的意志。

在生活中，有的人说话一呼百应。可是一旦你仔细分析对方的话，却发现并没有说什么实质性的东西，很多时候，我们甚至会觉得换成我会比他说得更好。

而当机会真的降临到我们身边，轮到我们说服他人的时候，却发现我们做的连别人的一半都不到——即使我们讲得再有道理。

李晓磊在上大学之前，一直认为上台演讲并不困难。虽然他从未在很多人面前讲过什么，但他对这种人前显摆的事情一直很迷恋。

上大学之后，他获得了一次这样的机会，系里组织了一次辩论赛，他作为正方二辩出席。

这让他兴奋不已，他觉得自己露脸的机会来了，所以自己要好好把握这次机会。为此，李晓磊这十来天几乎什么都没做，一心扑到论题上，甚至逃课去图书馆查询资料。因此，无论是自己的理论依据、逻辑体系，还是反方有可能提出的辩论思路，他都准备得极为充分。这几天他为辩论准备的资料整理出来之后足足有二十多张稿纸。因此，辩论会当天，他觉得万事俱备。

但当他走进会场的时候，看到台下是系里两千多名同学，正面是他的对手——反方的四名辩友。面对这些人，他忽然有些底气不足。

辩论开始了，他强迫自己镇定。到他发言的时候，他用沉稳的声音把自己多日来准备的东西有条不紊地说出。而他时刻聆听着对方的观点，抓住他们的漏洞进行礼貌而犀利的反击。

按程序来说，他做得近乎完美，但他心里总是觉得还差很多。他的逻辑体系虽然严密，虽然总能抓到对方的漏洞，却无法打动听众。

而反方的二辩，也就是李晓磊的直接对手，是一个个子不高的女生。女生看起来很精神，气势十足。她的论述体系并不严密，发言漏洞颇多。但每次李晓磊准备抓住这些问题的时候，都会被这个女生的气势压倒。他在理性上认为这个女生的话纯属谬论，但在感性上几乎要被她说服。

最后的结果，是他所代表的正方输了。评委老师给的意见是："正方二辩（即李晓磊）的发言缺乏力度。"

李晓磊输就输在气场上，尽管他的语言逻辑性更强，但在气势和感染力上比对方差了许多，所以给人留下了一个缺乏力度的印象。李晓磊从未接受过在众人面前发言的训练，当他站在台前的时候，气场很弱，缺乏自信，所以自然敌不过那位女生。

气场的力量就是如此玄妙，它不需要严谨逻辑的支持，却可以呈现莫名的感应，达到说服对方的目的。因为强大的气场能够创造奇迹。气场一词的英文为charisma，在基督教语境中，这个词还有神赐之力的意思，它的力量确实是玄妙而无穷的。

# 离开气场，风度只是空中楼阁

风度是使人成功的重要法宝之一，想要打造成功的形象，离不开风度。而风度来自强大的气场，没有气场的人不可能有风度。所以，气场、风度、成功，是互相关联的，缺一不可。

阿诺德·施瓦辛格在离开好莱坞之后，决定从政。由于早年积攒的人气，他在加利福尼亚州州长的选举中胜出。而接下来他要做就职演说。

在他演讲时，一群印第安人走到台前，把十几个鸡蛋扔在了施瓦辛格身上、脸上。原来为了维护加州博彩业均衡发展，施瓦辛格上任后的第一个政策就是取消印第安人赌场的免税优惠政策，这自然会招来他们的反感。

紧接着，工作人员迅速控制了肇事者，但此时施瓦辛格身上和脸上都挂着鸡蛋液，于是工作人员提出要他去后台做一下处理。施瓦辛格笑了笑，说："我怎么能在胜利的日子向后转！"

一句话赢得了满堂彩。

小布什刚当上美国总统，第一次访问英国的时候，也受到了英国民众的抗议，被扔了鸡蛋，因为美国拒绝在维护世界环境的《京都议定书》上签字。

小布什选择了一个极为高明的处理方法——你骂你的，我讲我的，仿佛那些抗议者都不存在。而小布什的英国之行也在他这种风度下大获成功。

2001年，世界银行行长沃尔芬森在芬兰举行记者招待会，同样遭到了蛋糕的袭击，奶油流遍了头部和脸部，非常尴尬。但沃尔芬森仍然没有忘记保持风度，他用手沾了一些脸上的奶油，放在嘴里尝了尝，说："味道不错，只是破坏了我的节食计划。"

所谓风度，指的是人的言谈举止所流露出的美好神韵。每个人的言谈举止都不一样，所以风度的表现形式也不一样。这一点，就像气质。

但不同的是，气质人人都有，风度却未必如此。有些人天生就拥有风度，待人接物有理有度。而有些人无论如何都学不会这些，最终落个画虎不成反类犬。

之所以会这样，是因为他们没有发现风度的本质——气场。

真正拥有风度的人，都拥有强大的气场，离开了气场，风度就只能是空中楼阁。所以很多人羡慕别人的风度，于是开始模仿别人的一举一动，却不知这是东施效颦之举。

著名球星大卫·贝克汉姆不但球技出众，而且是个公认的有风度的人。

他在2007年从欧洲来到美国的洛杉矶银河队。与欧洲球员相比，美国球员显得很懒散。他们大都没有什么纪律性，常去夜总会玩到很晚。

但贝克汉姆是很敬业的职业球员，而且他很爱他的妻子维多利亚，所以从不跟队友去夜总会。

直到有一次，一个队友过生日，大家决定晚上一起去夜总会狂欢。这件事贝克汉姆得知后，表示会跟大家一起出份子钱为队友过生日，也会给队友预备礼物，但不会跟着去喝酒。

在一般的足球队里，像贝克汉姆这样不爱跟队友常在一起玩的球员往往会遭到孤立，但贝克汉姆却以他独特的风度保持着良好的人际关系。

美国头号球星多诺万与贝克汉姆是洛杉矶银河队的队友，年轻的多诺万对贝克汉姆有点嫉妒。

有一次，银河队输掉了比赛，在接下来的记者招待会上，多诺万声称："输球是因为贝克汉姆跑动不积极，突破技术不过关。"

按照惯例，一支球队的球员之间假如有什么矛盾，都在内部解决。一旦传到媒体上，就说明两人已经势不两立了。而且这种行为会让球队内的气氛极为紧张，多诺万说完之后非常后悔。

但贝克汉姆听见此事之后，并没有火上浇油，而是很谦虚地说道：

"嗯，多诺万说得有道理，我应该提高右路的突破技术了。"

贝克汉姆的风度赢得了多诺万的歉意和好感，两人从此成了好朋友，合作无间，后来洛杉矶银河队取得了美国大联盟总决赛冠军。

风度有三个作用：一是提升己方的信心，增加队伍的凝聚力；二是突出自己的形象，讨拥护者的喜欢；三是让敌人无从下手，甚至可以把对手变成朋友。

贝克汉姆从很年轻的时候就担当球队的主力，是万众瞩目的球星。这些经历使他的气场越来越强大，所以风度也越来越出众。因此，他常常成为球队的核心，受到队友的拥护。而一些本来看他不顺眼的队友，也成了他的好朋友。

假如贝克汉姆的气场不强，没有风度，那么美国对他来说就可能是他职业生涯的地狱。在生活中也是这样，因为没有风度而导致事业失败的人比比皆是。

所以，我们必须拥有强大的气场，并利用气场使自己变得有风度。只有这样，我们的事业才会更成功。

# 人生离不开迈向成功的气场

人生在世，自然每个人都渴望自己能够成功，可是这只是理想状态，事实往往并不是总能让人一切如意。成功的人之所以能成功，因为他们不但有能力，还有走向成功的气场。

气场对人们走出困境有一定的帮助。在面对挫折与坎坷的时候，那些保持乐观的情绪、保持旺盛斗志的人就是最终取得成功的人，他们的成功是因为气场助了一臂之力。

对每个人而言，其实都会有两个自己：其中一个是内心真实的自己，另一个则是需要展示给他人看的自己。气场则是这两者的统一体。人人都有气场，可是它看不见也摸不着。它是无形的，但又能让人感觉到它的存在。比如那些影视明星和某些公众人物，只要他们一出场，观众就能被那种架势、那股底气所征服，那架势、那底气就是气场。在他们身上所体现出来的最明显的特征就是气场。

许多人读过美国作家海伦·凯勒写的《假如给我三天光明》这本书，作者海伦·凯勒就是一个气场强大的人。

海伦·凯勒于1880年出生在美国的一个小城镇。当她1岁半的时候，就因重病而丧失了视力和听力，后来，她的语言表达能力也逐渐丧失了。

在这样的情况下，她依然取得了惊人的成绩：她出人意料地学会了读书和说话，而且以优异的成绩顺利从哈佛大学拉德克利夫学院毕业。她学识渊博，掌握了拉丁语、希腊语、英语、法语、德语五种语言，成了著名作家和教育家。为了世界各地的盲人教育事业，她的足迹遍布全世界，她把自己的一生都献给了盲人福利和教育事业。所以，许多国家政府都给予她嘉奖，她获得了世界各国人民的高度赞扬。

海伦·凯勒从7岁开始接受教育，到21岁进入大学学习，在这十四年间，她使用的很多教材都没有盲文的版本，所以她都得依靠别人把书的内容拼写在她手上，通过触觉来学习。这样，她在学习上所花费的时间要比别的同学多出很多。当其他同学正在外面快乐地嬉戏、唱歌时，海伦·凯勒却在教室里努力学习。

1968年6月1日，海伦·凯勒离开了人世，她的一生是非常让人敬佩的。曾经有人这样评价她："海伦·凯勒就是全人类的骄傲，是全人类学习的榜样。相信她这个楷模，会让众多聋、哑、盲人受到启发，让他们在黑暗中看到光明。"

像海伦·凯勒这样一个既看不见又听不见，同时还不能说话的残疾人，是凭借什么走出黑暗，取得如此骄人成绩的呢？她得到世人的高度褒奖又是依靠什么呢？这离不开她顽强的毅力和老师莎莉文的谆谆教导，恐怕也离不开她的气场——面对困难努力奋斗、不屈不挠的气场。

她的刻苦努力使她拥有了智慧与才华，同时也打造出了自己独特的气场，在这个气场的推动下，她最终创造出了辉煌的人生。

虽然每个人对成功的定义有所不同，但真正意义上的成功应该是全方位的，既体现在家庭、事业、身体、金钱、朋友等方面，也离不开精神上的东西。人生是一个精神和物质共同作用的产物。当人主宰了自己的气场，才能让物质和精神因素共同发挥积极作用，从而主宰自己的命运。

倘若要衡量一个人的综合素质，气场就是一个不可或缺的参数。它能让人们找到真实的自己，学会认识自己，宽容自己，爱惜自己。当你真正了解了气场之后，你会发现自己已经发生了不小的变化。那时候，对于他人的意见，你也能乐观地接受了；对于他人的错误，你也变得宽容起来；为人处世的心态好了很多，生活、工作和家庭都在往好的方面发展。

我们不应总是带着偏见去审视自己，也不应带着偏见去审视他人。要看到自己气场中的优势，要让自己气场的优势最大化，从而让自己不断得到锻炼和成长，走向人生的成功。

# 制造积极的气场，增加吸引力

成功学有这样的说法："世界上约有99%的财富掌握在1%的人手中。"倘若这样的说法是事实，你是否想过其中的原因呢？也许，你可能会认为是这1%的人运气好。倘若你持有这样的观点，那就错了。真正的原因就是这1%的少数人明白某个秘密。而这个秘密就是怎样运用吸引力法则提升自己的气场，为自己赢得更多的财富。

究竟何谓吸引力法则？其实很简单，它就是"只要你关注什么，就能为自己吸引到什么"。也可以这样说，你的头脑中的意识和想法会吸引你所关注的事物，让它们成为现实。

很多人都曾经有过这些经历：一件事情在理论上的发生概率微乎其微，可是没有多久这件事就发生了；当我们正在想一位几年都没有联系过的朋友时，竟然很意外地接到了他的电话。这些都会让我们感到异常惊讶。这就是吸引力法则所产生的效果，是它的力量让我们的思想穿越时空，将我们所关注的人和事吸引到我们身边来。

吸引力和气场有着密切的关系。假如你的意念和想法都是积极的，那么就会制造出积极的气场，于是就会吸引来一些积极的事物，从而给你指明走向成功的道路；相反，假如你的意念和想法都是消极的，那么就会制造出消极的气场，吸引来的事物也是消极的，这当然会使你更容易走向失败。对于很多人而言，他们还没有意识到吸引力法则和气场的作用，但是，它们一直伴随着每个人而发挥着作用。日本首富孙正义就是一个运用吸引力法则增强自己气场的典型人物。

小时候，父亲就经常对孙正义说："你是个天才，长大后，你会成为日本很有影响力的大企业家。"在父亲这种思想的影响下，孙正义在五六岁的时候，向他人做自我介绍的时候就说："你好，我是孙正义。等我长大后将会成为日本家喻户晓的大企业家。"可能在很多大人的眼中，这样的说法只是一个天真无邪的孩子的痴心妄想而已，他们觉得这是不可能实现的。可是，孙正义却不这么认为，在他19岁的时候，便给自己制订了一份未来五十年的规划：

30岁之前，要有一份自己的事业；

40岁之前，自己的资产至少达到1000亿日元；

50岁之前，事业走上辉煌的高峰；

60岁之前，事业成功，家庭幸福美满；

70岁之前，把自己的事业交给下一任接班人。

当时，虽然孙正义才19岁，可是就制订了这么长远的计划。在这份计划出炉后，他并不是把它当成文字游戏而写在纸上、贴在墙上，而是始终向着自己的目标拼搏，终于让自己的梦想成为现实。

在孙正义走向成功的过程中，吸引力法则立下了汗马功劳。因为他对成功拥有坚定的信念，他的思想和意识是很积极的，所以吸引到很多积极的因素。这些积极因素汇集在他身上，让他的气场不断增强，于是，便把他带上了充满机遇和好运的成功旅途。

英国戏剧家莎士比亚的作品中有这样一句话："亲爱的，真正该责备的并非宿命，而是我们自己，是我们自己决定了我们只会是微不足道的人。"人们的意念和想法对自己的人生有很密切的影响。不论做什么事，我们都应该让自己的积极意识产生作用。在积极意识的带动下，激发出付诸行动的动力。倘若你想追求成功，就要先让自己的思想意识不断地向成功靠近，当你的脑海中产生了成功的意识，那些有利于实现梦想的事物才能到达你的身边，给你的气场增添光辉，让你走得更远。

我们都听过这句话："思想有多远，人就能走多远；梦想有多高，你就能飞多高。"虽然这句话很俗套，可是它的启示却值得我们永远牢记。总之，倘若一个人能带着积极的梦想和信念上路，那么在吸引力的作用下，就会有更多的积极因素汇入他的气场，从而形成一个强大的气场，成就一个成功的人。

# 人生少了野心，将变得庸碌无为

很多人一直把"野心"这个词汇看作贬义词。实际上，在职场上，野心究竟是什么？野心是一个人迈向成功的气场，是一个人前进的动力，是走向富裕之路的前提，是青春的标志。历来的富翁们无一不是野心家。他们永远都是不安分的，永远不满足于现状。指南针被一种神秘的力量支配着，指向同一个方向，永远指向南方。在我们身上，有一种神秘的力量叫作气场，叫作进取心。气场让你在前进的道路上无往不利，进取心不允许你懈怠，每当达到一个高度时，它就会召唤你向更高的境界努力。

很多人初入职场，当初的野心勃勃很可能就被日复一日的平淡消磨。于是，有的新人逐渐被这种平淡侵蚀了野心，渐渐地，气场逐渐散去，进取心开始远离，野心甚至在还没有发挥任何作用的时候就已经消失得无影无踪了。新人们应该注意的是，我们的职场生涯可以平凡，但不能平淡，只有保持野心，才能留住青春。

有一个小山村坐落在美国宾夕法尼亚州，那里住着一位普普通通的马夫。假如这个马夫甘于平淡的生活，那么有可能一辈子都是一名马夫。但是，这个马夫心存野心，他想成为美国最著名的企业家。为了这个野心，他到钢铁大王安德鲁·卡内基的工厂做工。当时他自己对自己说道："我一定要做到这个厂的经理职位。我一定努力做出成绩让老板主动来提拔我。"他拼命工作，努力使自己的工作产生的价值，超过自己的薪水。

他决定，要以一种乐观的态度愉快地工作。在他30岁的时候，他成了卡内基钢铁公司的总经理。39岁时，他又出任全美钢铁公司的总经理。他就是查尔斯·齐瓦勃先生。

　　他成功的秘诀是不满足现状、勇于进取，这些积极的心态一直鼓励着他，让他不断进步，最终实现自己的理想。他从不把薪水的多少视为重要的因素，而是要看新的职位和过去的职位相比是否更有前途和希望。

　　假如一个人甘于平淡，那么就不会拥有真正的成功。莘莘学子寒窗苦读企盼能够金榜题名，运动员盼望能拿到奥运会金牌……正是因为他们不满足于现状，不甘于平淡，才有成功的可能。平庸是懒惰的先兆，假如满足于平凡的生活，安于现状，随波逐流，对大部分未被开发的潜力无动于衷，得过且过，那么他就不会创造出什么成果。

　　有人说，性格决定命运。而在工作中，每个人的追求决定着他们的未来。换句话说，你有多大的渴望，你就能走多远。在我们身边有很多人，从年少时的意气风发，到慢慢被职场所边缘化，面对激烈的竞争束手无策，甚至被淘汰出局……实际上，在平凡的生活中，我们不妨让自己有点野心。野心其实是一种敢拼敢闯的劲头，是内心焕发出来的生命力，是青春的象征。

　　职场中，大多数人不缺乏机会，缺乏的只是奋斗的意识。假如你是一个有信心、有理想的人，在工作中知道自己要什么，那通过自己的努力一定会获得机会实现自己的目标。

　　周晗25岁的时候到某保险公司工作。一次，公司总经理来分公司主持会议。为了鼓舞大家的工作热情，总经理让大家当众说出自己的梦想。轮到周晗时，周晗不知哪里来的勇气，诚实地说："我希望当上部门经理，成为管理者。"总经理沉吟半晌，然后说："不想当将军的士兵不是好士兵，我们保险行业的员工就需要这样的野心。"会议结束后，总经理就把周晗调到另外一个分区做经理了，成为保险公司尚未有业绩便获晋升的第一例。

　　职场上的野心其实也是一种自我鼓励的力量，适时地向领导表露出自己的野心，也许会让你获得意想不到的成功。

　　假如在平凡的职场生活中甘于平淡，没有工作目标，缺乏职业规划，不想升职加薪，每天安于现状、故步自封，时间久了，难免变成"职场咸鱼"。

张伟是一家房地产公司的小职员，刚进入公司的时候，他胸怀远大志向，准备在这个行业大展拳脚。但是职场的打拼并不尽如人意，他接二连三碰到让他郁闷的事，不是好不容易谈成一笔订单的客户突然改变了主意，就是被同事半道插手分去了一块大蛋糕。因此，张伟的消极怠工情绪慢慢变得越来越严重。久而久之，张伟变成了"职场咸鱼"，成了死气沉沉的"鱼干"，身上哪儿还有青春的活力呢？

对职场上的"菜鸟"来说，大家都害怕自己的团队里冒出一条"咸鱼"。在职场经理看来，团队中的"咸鱼"是首先应该剔除的。实际上，在职场上甘于平淡，不小心成为"咸鱼一族"的张伟是极有可能失去工作机会的。

假如发现自己一不小心已经变成了"咸鱼一族"，就应该想尽办法翻身。

首先也是最重要的一点是认清自己，有时候，方向远比方法更重要。很多心理学家比较赞同的生存法则就是面对生活拥有一种积极的心态，找准一个方向努力前进，就算最后得到的很少也不要放在心上。要清晰地知道自己在职场中的生存原则是什么。其次要培养自己的适应能力。现代社会不仅要求人们具有承受力，更需要具备适应力，积极主动地把问题处理好。假如觉得自己因为压力产生了一些负面情绪，那么就需要放慢节奏，多和别人交流，调整心态，让自己放松下来。关键的是调整之后要重新出发。

人有点儿野心，才能在年华日渐老去的时候也能拥有一颗青春的心。缺乏野心，甘于平淡，就算曾经是一块发光的金子，也会渐渐褪色，最终淹没在尘土里。

# 只要是为自己而做，就不要找任何理由

无论做什么，记得是为自己而做，那就要毫无怨言，这样励志的话相信我们已经听过了很多很多。其实，在我们拥有了这样的心态之后，自身的气场也会变得强大起来。比如我们在工作的时候，假如只是抱着应付差事的想法去做，就会给人一种懒散、不积极的感觉；而我们看到很多的老板或者成功人士，他们在做某件事情的时候表现出来的总是一种积极的态度，而且他们似乎没有任何怨言。同样是做一份工作，为什么会有这样的差别呢？

主要原因就是老板在工作的时候总是想着这是为自己而做，这是自己的事情；而某些员工就不同，他关心的可能只是把分内的工作做完，关心的只是自己的待遇，这是两种截然不同的立场。所以，那些老板或者成功人士的气场往往要比员工的气场强人。

李晓萍是一个平凡的姑娘，但有着不平凡的身世。她出生在农村，她刚一出生，母亲就离开了人世。之后她与父亲及有智力障碍的哥哥相依为命。在她15岁的时候，由于一场车祸，兄妹俩失去了父亲，从此家里就只有她和哥哥两个人了。

为了照顾哥哥的生活，她一个人做两份工作，每天早出晚归、省吃俭用，但始终面带笑容面，没有丝毫怨言。

有一个老板知道她的身世后，被深深地打动了。他问李晓萍："你每天的工作这么累，生活的压力这么大，难道你就没有一句怨言吗？"

李晓萍微笑着对自己的老板说："我的所作所为只是为了我自己，哥哥是我生命的一部分，我觉得我做这一切都是应该的，谈不上什么怨言不怨言。"

是的，假如把每一件事都看作自己的事情，那么在做的时候还会有怨言吗？

在这个案例中，李晓萍面对沉重的生活压力，没有妥协，也没有放弃。让她毫无怨言地坚持下来的，就是她把照顾哥哥看成自己的事情。因为李晓萍没有怨言的坚持，向老板展示出一个很不一样的气场，所以才会打动老板。

人生总是要经历挫折后才能登上高峰。但是有时候，可能经历了很多的低谷也不一定会踏入辉煌，这时人们难免会有一些怨言。要知道，没有人能够预料到今后会发生些什么。对于那些内心强大的人来说，他们所看到的并非是某一件事情是否成功。他们认为，无论做什么，只要是为自己而做，就毫无怨言。所以，他们总是拥有平和的心态，正是这种平和的心态让他们的内心变得强大。

一个人生存在这个世界上，总是要有自己的目标，但并非所有人都能够顺利实现目标。梦想总归是梦想，放在现实中很容易大打折扣。你是否注意到，不管失败还是成功，那些没有怨言的人总是表露出一种不可战胜的气场？因为他们明白，无论做什么，都是在为自己而做，怨言也就随之消失，随之而来的是个人强大气场的形成。

一个学术造诣颇深的学者有一天在外面散步，走到一个十字路口的时候遇见了一个警察。可是这个警察愁眉苦脸的，好像没有一点儿活力。于是这位学者就问这位警察："警察先生，你为什么这么不高兴呢？"

警察说："我每天这么辛苦地在这里指挥交通，可是只能得到50元的报酬，这样的工作真是让我受不了。"

这时走过来一个拿着清洁工具的清洁工。学者看到这个清洁工一脸的笑容，顿时觉得自己的心情也开朗了许多，便问这位清洁工："你一天能挣多少钱？"

"一天挣20元。"清洁工回答。

"你一天才拿20元，为什么还这么高兴呢？"学者奇怪地问。

"这是我的本职工作，而且做得好的话，我还可以拿更多的奖金，让我过上幸福的生活。这都是为了我自己，有什么不高兴的呢？"清洁工回答。

警察听到后鄙视地说道："只有没出息的人才会做这份工作。"

学者说："你错了。他做这份工作是快乐的，因为他没有怨言，所以脸上的笑容足以吸引很多人。而你总是认为自己在为别人工作，你的心里产生了太多的抱怨，脸上没有笑容，也就失去了吸引力。"

其实案例中所说的吸引力就是一个人的气场，气场强大的人对于任何人都具有很强的吸引力。警察由于没有把工作当作自己的事情去做，因此产生了很多的抱怨。试想一下，一个微笑的人和一个满脸怨气的人站在你面前，你更愿意和谁接触呢？毫无疑问，每一个人都愿意和具有甜美微笑的人打交道，这就是气场的魅力。

无论做什么，记得是为自己而做，那就要毫无怨言。这句话看似轻巧，但又有多少人能真正明白其中的道理呢？在这个世界上，当我们面对困难的时候，我们是否总是带着抱怨和怒气去行动呢？我们是否真正能够静下来想一想，我们做这样的事情，究竟是为了谁？一个冠冕堂皇的借口总是让人丧气，而一个真实的目的却总是让我们充满力量。

# 扩大格局，改变你的气场

古希腊数学家阿基米德说："给我一个支点，我可以撬起地球。"这种自信让人折服。其实我们的气场也一样，它是我们可以主动加强和控制的力量。我们扩大了自己的人生格局，就会逐渐改变自己的气场。一个人的格局越大，那么他的气场能量就越大。

霍英东是香港著名的富豪，他有多种身份，不但是爱国实业家，而且是杰出的社会活动家。他的成功，离不开他的人生格局。

幼年时，霍英东家境贫寒，他在7岁之前，连鞋子都没穿过。他所找到的第一份工作是在渡轮上做加煤工。家境的贫寒，是他来到人世之后面临的第一个问题。后来，他靠着母亲的少许积蓄开了一家杂货店。当朝鲜战争爆发后，他觉得航运业有很好的发展前景，此后便开始在商界崭露头角。

1954年，霍英东创办了立信建筑置业公司，他凭借"先出售后建筑"的理念逐渐成为香港地产界的巨头。后来他的经营领域不断扩大，在建筑、航运、房地产、旅馆、酒楼、石油等方面都有涉及。

在商业领域中，霍英东如鱼得水，而在如何做人方面，他也深得其中三昧，他曾说过："做人，关键是要问心无愧，要有本心，不要做伤天害理的事……"当成为富豪之后，霍英东一直没有忘记回报社会。他在内地进行了大量的投资和捐赠，但对于这些，他却自谦为"一滴水"。"我的捐款，其实就像大海里的一滴水，作用是很小的，说不上是贡献，这只是我的一份心意！"只有像他这样拥有人生大格局的人，才能有如此博大的"一份心意"。

人生需要有格局，格局是什么样的，自己的气场和命运就是什么样的。

那些大人物的成功，都是由他们的人生格局铸成的。因为当他们还是小人物的时候，他们就开始为自己规划人生的大格局，霍英东的成功就证明了这个道理。人生的格局有多大，自己的舞台就会有多精彩。要想成功，就要拥有一个大格局。

一个人能不能做大事，是由他的气场决定的。那些以自我为中心、没有远大志向的人，人生格局是很小的，他们即使碰到了重大的机遇，或者具有超常的能力，也很难做出一番骄人的成绩。

台湾著名主持人陈文茜在台湾颇有影响力，她在台湾的政界、商界和媒体界都是响当当的风云人物。她之所以能做到在政坛上叱咤风云，在生活中如鱼得水，就是由于她的人生格局和一般的女人不同。她曾经说过这样一句话："人生最怕格局小。"在她的身上，体现出了许多女人所没有的宽广视野，也体现出了许多男人所没有的胆识气魄，同时也有很多专家学者所没有的睿智和担当。这些，都来源她人生的大格局。

也许，我们曾经为自己的平庸无为感到很苦恼，也许我们曾经总是为别人取得的成就而感到惊叹。其实，这些都没有必要。我们要做的就是反思一下，自己是否具有大格局，比如：当我们被人误会时，能否保持自己的宽宏大量；当我们遭遇不幸时，能否依旧坚强和乐观；当我们面对困难时，能否鼓起勇气去迎接挑战。

倘若我们目前还没有这些大格局，那就要注重培养，这些才是成就强大气场的前提，才是成就人生的必备条件。

# 第二章
# 靠气场说服他人

当今这个时代，酒香也怕巷子深。再优秀的人也需要有人来帮衬，再好的产品也需要好的推广。特别是在竞争激烈、信息发达的今天，对于一个急需开拓市场的人来说，就更需要营造自身强大的气场，为自己造声势，来提高企业的知名度，这是最快捷、最有效的方式。

# 表达了自己的魅力，你就是教主

已故的苹果公司前任CEO（首席执行官）乔布斯，被他的粉丝亲切地称为"教主"，他的巨大影响力从他在二十七年的时间内总共七次登上《时代》周刊的封面即可看出。中科院研究生院硕士、美国得克萨斯理工大学博士、中国宽带产业基金现任董事长、联想集团独立非执行董事田溯宁曾这样形容乔布斯："他光芒万丈，高山仰止。"

从2001年乔布斯预见到音乐领域即将发生的变革——传统的音乐产业利润下降，相比购买CD唱片，音乐爱好者更愿意从互联网上下载音乐作品——从而推出iTunes开始，到同年推出的iPod，再到2007年推出的iPhone，再到2010年推出的iPad，一大批仰慕者、众多投资者、无数的音乐爱好者、数以亿计的电影爱好者和数字化时代的年轻人，都被这些产品的神奇力量所征服，纷纷购买这些产品。

从来没有哪个品牌能达到如此辉煌的成就，如同从来没有哪位企业家能拥有乔布斯这般的影响力。

除了苹果公司的产品本身的优势以外，乔布斯的个人魅力对苹果公司产品的销售亦起到了无法估量的促进作用。这种个人魅力，即个人的气场，能潜移默化地影响他人的情感和行动。

在说服心理学中，人格魅力占有重要的地位。若要获得别人的信任与信服，首先需要塑造自身的人格魅力。

提到鲁豫，相信大家都不会陌生。这个被誉为"中国的奥普拉"（美国脱口秀女王）的主持人，以非凡的语言天赋、标志性的发型、知性的气质、极快的反应速度、极具亲和力的主持风格成为中国主持界的一朵奇葩。在每一期的《鲁豫有约》中，她总是能让嘉宾们说出自己的故事。即使嘉宾跟鲁豫打太极，鲁豫总能成功地说服嘉宾，从他们的口中"套出"想要的答案。而这一次次的成功，都得益于鲁豫独特的人格魅力。

那么，个人魅力与说服之间具体又有怎样的关系呢？

美国心理学家凯文·霍根曾做过这样一个实验，可以看出个人魅力与说服之间的关系。

凯文·霍根和他的一位朋友均扮成挑选婚戒的准新郎，不同的是，凯文·霍根穿着笔挺的西装、戴名贵的手表，谈吐得体，而他的朋友则穿着牛仔裤和T恤，甚至故意做出一副吊儿郎当的样子。

他们各自去了5家不同的珠宝店，并记录了等候接待的时间，以及在店员展示戒指的时候试图说服店员"在没有保安人员在场，你可以从保险箱中取出最高价值多少的钻石给我们欣赏"后店员的反应。

最后得到的统计结论是：西装革履的凯文·霍根等待的时间比穿牛仔裤和T恤的朋友足足少了1/3；当穿着西装的凯文·霍根要求欣赏店中最贵的钻石时，店员拿出的钻石价值比拿给穿牛仔服的朋友高出整整5倍。

很明显，在正常人的审美观念中，西装革履、名表与得体的谈吐对个人魅力是加分的，相反的，牛仔服、T恤和吊儿郎当对个人魅力是减分的。从店员们的不同态度可以看出，个人魅力较高的人获得的优待明显高于个人魅力低的人。

也就是说，个人魅力与说服对方的成功率在一定范围内是成正比的，个人魅力越大，说服对方的概率越高。心理学中的光环效应也可以很好地解释这一点，即个人魅力成了这个人的一种光环，决定了他在更多人的面前可以获得"这是一个魅力四射的人"的评价。

相信阅读本书的读者，肯定是希望培养自己的个人魅力的。下面，我们就从以下几点来详细讲解如何培养个人魅力：

1. 注重自己的仪表

相信读者都知道，在心理学中有一个第一印象效应，即初次见面时给对方留下的印象是最为深刻、最难以改变的。面对陌生人，你无法在短时间内向他展示你的全部优点，因此，你只能通过自己的外表向对方传达一种"我很优秀"的信息。同时，注重自己的仪表，也是尊重他人的表现。

2. 增加自己的内涵

"腹有诗书气自华"是亘古不变的道理，一个人只有积累了丰富的学识才能由内而外散发出富有底蕴的内涵。否则，在光鲜亮丽的外表下，就只有一个空虚肤浅甚至粗俗的内在。为什么林徽因可以被评为"民国四大美女"？就是因为林徽因除了拥有美貌之外，还有深厚的文化艺术修养。这为她的个人魅力加分不少。

3. 学会使用恰当的肢体语言

当一个人与你交谈时，假如他一动不动，相信你会觉得这个人比较古怪；假如他不停地指手画脚，相信也会引起你的反感。恰到好处的肢体语言，会使谈话更加愉悦。曾经有人做过这样的调查，在与一个肢体语言恰到好处的人交谈时，人们会觉得谈话时间比实际上的至少要短30%。

4. 学会随机应变

无论是在何种场合，受到大多数人喜欢的，永远都是那种知道在什么情况下做什么最合适的人。这种人的存在，会带给周围的人很舒服、很自然的感觉，周围的人会很乐意与你相处，自然你的个人魅力也就得到了别人的认同。

假如你富有人格魅力，那么你会发现在职场及生活中，你说服别人的成功率已在不知不觉中得到了极大的提高。

# 在气场上压倒对方

俗话说"良好的开端是成功的一半"，这句话不仅在做事当中成立，在说服他人的时候也同样适用。

我们仔细分析一下就会发现，说服别人的困难有很大一部分源于对方各种各样的道理和借口。

无论这些道理和借口能否成为有力的论据，都会或多或少阻碍我们说服别人的过程。与其让对方百般找借口拒绝接受我们的想法，不如从谈话一开始就先声夺人，断绝对方反对或者找借口的机会。

这种先下"口"为强的做法，有时能够很快结束我们的说服过程，让我们顺利地达到自己的目的。

张总在北京的传媒公司越做越大，便开始计划着在自己的家乡大连开一个分公司。可是要谁负责新公司的管理呢？要知道，大连和北京虽然不是天南海北，但要建立新公司的话，新经理是要长期驻扎在那里的。而现在公司里的人，谁能丢下自己在北京的生活圈子到一个人生地不熟的地方去给公司做管理呢？为了物色合适的人选，张总绞尽了脑汁。

这天，张总把主管王伟叫到了办公室，对他说道："小王，你跟了我这么多年，表现一直很出色，对我也一直很忠心，你这样的下属很是难得啊！所以我现在有什么困难，都必须交给你来做才放心。"

王伟还不知道张总要开分公司的事情，自然也没有想到自己将要被赋予这个"苦差事"，便回答："张总，您说这话就太客气了。我还要感谢这些年您对我的提拔呢！"

张总立刻说道："嗨，跟你的努力比起来，这些奖励太微不足道啦。所以我想了又想，打算提升你做我们新公司的经理。"

王伟面露喜色："真的吗？恭喜您，我还不知道您要开分公司了呢！您对我这么看重，我一定好好努力，把您的新公司管理好！"

听到王伟这样说，张总笑了笑，缓缓说道："小王，这在你的事业上也算是一个大的提升，我衷心地祝贺你！不过，我想告诉你，要在事业上有大的收获，一些必要的东西就要懂得割舍。咱们的新公司不在北京，开在我的家乡大连……"

王伟一听张总的话风不对，刚要开口发表意见，张总摆手制止了他，继续说道："我知道让你离开北京牺牲很大，离开妻子和孩子更是有些残忍的。我是这样考虑的，除了经理应得的工资之外，我再另外给你一年的工资作为安置费，你可以先在那边租一套不错的房子，将妻子和孩子都接过去。另外，大连是我的家乡，我在那里也有一些朋友，我会让他们对你多加照顾。这样，其实你的损失也只是减少和北京朋友的见面。小王你看，我已经为你想得这么周到，你可千万不要拒绝我啊！"

听到这里，王伟也不好再说出推辞的话。他回去考虑了两天之后，就决定接手大连的新公司。

先下"口"为强，在张总对这件事的处理当中体现得淋漓尽致。当然，能够如此顺利地说服王伟，除了张总为王伟考虑得很周到以及王伟的职位有所提升之外，跟张总是王伟的上级这个因素也是分不开的。

不过，这种"强"并不代表强迫，先下"口"为强，也需要在对方能够接受的基础之上进行，不能让对方感觉到自己的利益过多受损，否则也是难以成功的。

说服别人不一定要像辩论赛那般，两方先说出自己的观点，然后再各自论证。假如我们比较有把握，可以直接开门见山，将自己的目的说出来，然后争取对方的认同。这样的方法在气势上是比较占优势的，也常常能够较快完成说服别人的过程。

# 巧妙自我介绍，展示出你的魅力和气场

自我介绍是每一个处在交际中的人必须要经历的事情。有时，可能会需要频繁地做自我介绍，而有时用的次数却不多。

日常交际中，自我介绍是与陌生人建立关系、展开交往的一种非常重要的手段。做好自我介绍很重要，自我介绍一定要经过精心设计才好。自我介绍的好坏，直接影响你留给对方的第一印象，决定以后是否能继续交往。自我介绍在交际中起着敲门砖的作用。

张洁和杨妮都是刚毕业的大学生，同时应聘一家外资公司的董事长助理的职位。她们学的都是英语专业，学习成绩都很优秀。

人事部经理看了简历以后，觉得她俩的实力难分伯仲，很是纠结，不知道如何取舍。最终，人事部经理想通过面试做出决定。

在面试前，张洁很自信地认为以自己的能力和相貌，一定能赢得这个职位，所以没有做什么准备。她认为，面试无非就是把个人简历再简略复述一遍。

而一向谦虚谨慎的杨妮对将要来临的面试进行了一定的分析，她认为要在简短的时间内，把自己的能力展现出来是最重要的。于是她对自我介绍所需要用的语言进行了一番精心的设计和安排。

几天后，公司通知两个人面试，考官让她们分别做一下自我介绍。

张洁说："我今年24岁，是山东人。刚从某大学毕业，所学专业是英语。父母均是大学的教授。我爱好音乐和旅游。我性格开朗，做事一丝不苟，很希望到贵公司工作。"

杨妮介绍说："关于我的情况简历上都已经介绍得比较详细。在这里我强调两点：我的英语口语不错，曾利用业余时间在涉外酒店做过专职翻译；再者，我的文笔较好，曾在报刊上发表过许多篇文章。假如允许的话，我可以拿给您看。"

最后，人事部经理录用了杨妮。

当到新的单位去应聘时，求职者往往最先被要求的就是"请先做一下自我介绍"。这个问题看似简单，但求职者一定要谨慎对待，精心准备，它是你最简单、最直接地描述自己的特点，展示自我综合水平的好时机。回答得好，会留给对方一个好的印象。

自我介绍是否成功直接关系到下一步的交往，会让对方在思想中先入为主地为你定位。自我介绍留给对方的印象很关键。尤其在面试中，短短的几分钟，就必须用精练而富有特点的自我介绍获得对方的认可。

当你在加入新团队、认识新朋友、接见新客户时，不免要进行一次自我介绍，让对方认识你，打开你与对方交流和沟通的通道。最简单的自我介绍无非就是向对方介绍自己的名字，但这并不足以打动对方使其与你交往。

一般人做自我介绍，平铺直叙，直白空洞，没有特点。这样的结果是介绍完了自己，对方却一个字也没记住。不要抱怨别人记性不好，实际上，是自我介绍的内容不够吸引人、没有新意，或者给人的感觉是轻描淡写的，不够真诚。

一段简短而精准的自我介绍，其实是为了展开你与对方更深入的交流与沟通而设的。所以在交际时，如何向陌生人做自我介绍，自我介绍的内容和方式是否引人注意是让对方认识并认可你的最重要的因素。

自我介绍是交际中相互认识的开端，也是求职面试的第一个并且是相当重要的环节。它是敲门砖，这块砖要是运用得好，可以打开与他人交往的门，是你获得良好关系的开端，更重要的是可以使你在交友、择业、商业合作等诸多的交际中畅通无阻。假如这块砖运用得不好，那么一切的才能都无法向他人展示。

在交际中，把握住自我介绍的时间很关键。假如你的自我介绍时间过长，会使对方失去耐心甚至产生反感。一般正确的自我介绍时间为三分钟左右。有时候仅需一分钟就足够了。因为有的人很珍惜自己的时间，只给你一分钟的时间做自我介绍。

研究生毕业的杨锐很健谈，有极佳的口才。对自我介绍，他认为完全是小菜一碟，所以他从来不做准备。

有一次，杨锐跟一家大型房地产公司的总裁去洽谈业务。在去之前，杨锐没有做任何准备。他觉得凭自己的口才、自己的实力，做个自我介绍，洽谈个业务，是绝对没问题的。

见到房地产公司的总裁后，杨锐就开始东一句西一句地做自我介绍，一边做自我介绍，一边大谈特谈自己对未来房地产市场走向的看法。他说完这一方面，又扯那一方面。虽然说得天花乱坠，却一点儿也没有谈到关键的地方。

总裁为了表示尊重，很耐心地听完了他严重跑题的自我介绍。最后，总裁微笑着说："这位先生，请把您的名片拿走吧。我还有别的事。"最终，杨锐失败的自我介绍，使他没有谈成这笔业务。

进行自我介绍一定要力求简洁明了，尽可能充分地利用时间。自我介绍也要选择在适当的时间进行。最好选择在对方有兴致、有时间、情绪好时做自我介绍。

自我介绍一定要紧扣主题，可以根据不同的交际场景做出侧重点的调整，但切记不要跑题。

做自我介绍时要有一个友好、亲切、自然的态度，在整体的形象上要大方自然，面带笑容，语气平和，语速平缓，语音清楚，充满自信和胆量。

做自我介绍时要敢于与对方对视，要显得大方得体、从容淡定。自我介绍的内容一定要符合你的真实情况，不能有虚假的信息。

自我介绍必须精心设计、认真准备，不要因为简短而轻视它。自我介绍就是你与对方语言交流的第一印象，它会直接影响后面关系的发展。因此，一定要认真对待，多加练习。最好征求家人或朋友的意见，然后写成文字稿，这是很有必要的。

自我介绍一定要口语化，尽量不要用文言文或书面语，要让人听起来容易理解。自我介绍一定要力求简洁、精准、简短。

自我介绍一定要有自己的特色；一定要有特别之处，要有新意，不要流于形式。要学会抓住自己的长处，清楚自己的优势与劣势，找到最恰当的定位，再进行语言的包装。好的自我介绍是对自己最完美的语言方面的"形象设计"。

# 第三章
# 气场源自你那强大的内心

强大的气场并非靠外在的包装，而是来自内心的强大。内心强大的人从来都是那么自信，从来都是面带微笑，即便遇上棘手的事，也不会轻易皱眉头。挫折对他们无计可施，因为强大的内心会令他们充满迎接挑战的力量，激发出强大的气场。

# 强大的气场，需要强大的内心来支撑

在生活中，你是否经常发现，有些人在遇到一些突发事件的时候，总是不知所措、抓耳挠腮，思维瞬间被打乱，不知如何是好，而有些人却处变不惊、情绪稳定，总能够做出合适的反应？这两类人之所以会有不同的外在表现，主要是因为不同的内心。前者的方寸大乱最终可能会导致行为的失常甚至一蹶不振；后者在事情出乎自己意料之外的时候，不会焦虑不安，也不会因为事情的急转直下而改变自己原有的想法，他会理智地进行思考、分析，对自己的目标重新进行论证，做出正确的决策。显然，后者的表现给人的感觉要强大得多，那是因为他的内心是强大的，所以他的气场也是强大的。

北宋文学家范仲淹曾经在《岳阳楼记》中写道："不以物喜，不以己悲。"这表现出来的是一种思虑深远及豁达的心态。然而现代很多人似乎很难做到这一点，他们往往会因为一些挫折和困难而丧失激情和信心，往往会因为外界的干扰而情绪激动或者改变自己的目标，这都是内心不够强大的表现。一个人的生命是有限的，但精神是无限的。俗话说："心态决定一切。"其实说的无非就是一个人只要坚持自己的目标不轻易放弃，最后终归会成功。在这个坚持进取的过程中，体现出来的就是一种外在的气场。所以，一个人强大的气场必须要由一颗强大的内心来支撑。

李安华是某公司人事部的一名主管，主要负责应聘人员的招聘及录取工作。为了迎接国庆节，这天所有的员工在下班前的一个小时来到大厅，一起排练节目。这时，从大厅门口进来了一个小伙子。

"你好，请问你们的人事部在什么地方？"这个小伙子微笑着说道。公司的一个保安吼道："去一边等着去，没看见我们正忙着吗？"据说这个保安有焦虑症，有时候很难控制情绪，所以一直是公司中的一名普通保安，从未得到提升。

"哦，那实在对不起，我等一下吧。"这个小伙子说着就走出了大厅，站在了门口，瞬间成为同事们目光的焦点。等到排练活动结束，已经是两个小时之后了，同事们都急匆匆地离开了公司。这时，经理李安华发现刚才那个小伙子还在门口站着，脸上仍挂着微笑，保安无理的行为丝毫没有影响到他的心情。李安华感到很奇怪，于是走过去问道："您好，请问您有事吗？"

"不好意思，打扰你们工作了，我是来应聘你们公司财务部文员的。"小伙子依然微笑着说。

"原来你是应聘的，那实在太好了。明天你就可以来上班了，我们这里正缺少你这样的人呢！"李安华坚定地说。

显然，那个小伙子的气场是强大的，因为他没有被无礼的保安扰乱情绪，在面对这样的突发事件时，他用自信、微笑、镇定向其他人展示了强大的内心。其他人之所以会把目光投向这个小伙子，就是因为被他不同凡响的气场所吸引。一个人的内心是否强大，关键在于他如何看待自己。假如一个人总是自卑的、悲观的，那么无论在工作还是生活中，他都是非常平凡且无人注意的人。只有满怀自信、积极向上的人，他的内心才是强大的，拥有这种强大的内心才会形成一个强大的气场。

内心的强大由很多因素决定，坚强的意志力、坚定的信念、永远不会被毁灭的自信等，这些都是内在的因素，而非外在的表现。有了这些内在因素，一个人就不会再有焦虑不安、摇摆不定的表现。当然，这些内在因素的练就并非一日之功，那些成功的人并非从一生下来就有一颗强大的内心，他们都是历经一番人生挫折，在挫折中逐渐成长成熟，最终实现自己的人生理想的。我们在遇到不幸的时候，要端正自己的心态，放开自己的胸襟，坦然地去面对，理智地去分析。在人生的磨炼中，我们的内心自然会变得强大起来，继而让整个人的气场强大起来。

其实，人生中一切的战斗都是"心战"。有人说战胜了自己就等于战胜了困难，这句话确实有一定的道理，一个始终充满自信、始终保持热情及奋斗精神的人能够翻越任何高山，而那些气场虚弱的人缺少的恰恰就是这些内在因素。

提升自己的内心，然后增强自己的气场，对于一个追求成功的人来说是必不可少的。那么，如何做才能让内心变得强大呢？

首先，要明确人生目标。有了明确的人生目标，才懂得人生中需要坚持什么，需要在哪个方面努力。倘若整日浑浑噩噩，即便满腹才华，也会付诸东流。

其次，要敞开胸襟。放下自卑，重拾信心；放下消极，让自己充满热情；放下犹豫，让自己坚定不移。这些都可以让我们的气场强大起来。

# "我能行"缔造的强大气场

那些气场强大的人从来都是信心满满、胸有成竹。如美国前总统奥巴马能面对数千听众侃侃而谈；如舞台经验丰富的明星，能在众目睽睽之下大胆展示才艺……他们似乎任何时候都满怀信心，在任何地方都可以吸引众人的目光。

自信对于任何一个人来说都是非常重要的，信心可以激发我们的斗志，可以让我们在面对困难的时候坚定不移，可以让我们散发出强大的气场。但是我们经常会看到有些人的信心总是那么脆弱，在遇到一点儿困难或者挫折的时候，就会轻易放弃。这样的信心不可以称为真正的信心，因为它并没有给人带来成功，也不具有气场的影响力。

古罗马哲学家塞涅卡说得好，缺乏信心并不是因为出现了困难，而出现困难倒是因为缺乏信心。你一定要相信，所有被我们认为困难的事情，并不是事情本身有多难，而是因为我们对自己没有信心。信心是成功的筹码，是人全身心投入一件事情的前提。自信就是相信自己能行，是一种信念。它也是我们身上一种特殊的资源，发挥得当，就一定能帮助我们取得成功。

一个没有自信的人，就像长在贫瘠的土地上的花草，他们待人接物、解决问题、处理业务、为事业打拼的能力极差，他们从不敢展示自己的才华，为了掩饰内心的自卑，常常轻易放弃到手的机会。不自信的人，想到的永远是自己的缺陷、不足、问题，而非正面、积极、公平地看待自己，因为想法消极，以致身上的缺点越来越大，优点却像被杂草掩埋的花朵，一天天枯萎。

一家电器公司曾推行电器下乡活动，派遣员工到农牧业繁华、人口集中、家庭富裕的农村推销电器。但是，销量一直不见起色，回来的员工大多数因为吃了闭门羹显得意志消沉。一个月后，公司副总经理约翰亲自下乡找寻产品推销不出去的原因。当他敲响一户农家的大门后，一名农妇打开了门，看到穿有电器公司工作服的约翰后，竟快速地关上了门。

现在约翰终于明白他的员工们为什么推销不出产品沮丧而归了。因为几乎所有人见此情景，都以为对方不需要自己的产品，这里的人对自己手里的产品根本不感兴趣，再努力也是白费。因为不相信产品，不相信自己的推销能力，以致失败而归。

但是，约翰并不想就此放弃，他再次敲响了门。农妇将门打开一道缝，态度恶劣地说道："又是你们这些搞推销的，有完没完啊？"约翰并没有因对方的态度与之争吵，因为他一直坚信，这里的人是需要自己公司的产品的，对此他坚信不疑。

所以，他态度和蔼地说道："非常抱歉，因为我的员工打扰到您的生活，所以我特地跑来向您道歉。"农妇半信半疑，将门稍稍开大了一点儿看着约翰。"请您接受我的道歉吧！另外，我经过这里时，看到您散养的鸡可真肥啊，它们产的鸡蛋也一定很有营养吧？"

农妇不知道约翰到底要干什么，但听到有人夸她养的鸡好，态度显然变好了很多。

"我想买一斤您的鸡蛋，因为我太太是个做蛋糕的高手，现在我都能想象到她看到您的鸡蛋后高兴的样子！"约翰面露喜色地说道。

"哦，的确是的，我家的鸡蛋的确一流，完全是绿色无污染的！"农妇将门继续开大了一点儿，不无得意地说道。

"咦，你们家还养了奶牛啊。"约翰向内瞧了瞧，继续说道。

"是的，那是我先生养的！"妇人说道。

"啊哈，我猜想您先生养的牛一定没有您养的鸡那么好！"

"您对牛也有所了解吗？"妇人惊讶地问道。

"是的，太太。我曾在农场长大，以前我家的牛都是由我来喂养呢，我父亲常常以我养的那些肥硕的奶牛为荣。那么，您愿意带我参观一下您的牛圈吗？"约翰问道。

"没问题！"于是，妇人带着约翰参观了她的牛圈，并询问约翰曾经是如何饲养他的牛的，以及牛圈是否有必要安装暖炉和热水器。

最终，约翰成功地将一万元的电器产品推销给了这户农家。

这就是自信的力量，当一个人对自己做的事情坚定不移，并充分地信任自己时，那么，没有什么事情是他做不成的，也没有什么目标是他达不到的。

如此可见，自信是人具有的一种特殊本领，它能将不可能的事情变成可能。自信者常常因为自信，找到了一份满意的工作，继而无所畏惧地展露着自己的才能，展露的过程中他还能发现自己一些以前尚未展现出来的优势和潜能。

但是，自信不是让一个人盲目自信，更不是不自量力，或是将自信与自负混为一谈。自信的真正表现是相信自己能将事情做好，结果的确令人满意；谈吐举止中有着足够的内涵和分寸；与人谈话，能做好的听众，也能做好的倾诉者；总能看到自己身上的优点，并努力完善自己的缺点。想成为自信的人，可以从以下几方面着手：

给自己充电，让自己变成一个内涵丰富的人。一个人知道得越多，自然就越自信。一个没有多少知识、没有足够的见识、专业不突出、技术不过硬、处理纷繁的人际关系没有足够经验的人，工作中遭遇的一定都是倒霉事。倒霉事一多，对自己就更没信心，信心缺失，失败自然不请自来。

永远瞄准目标，坚信自己能做到最好。努力使自己成为某专业领域的NO.1（第一），成为一个具有最积极的心态、最正确的思维、最良好的习惯的健康快乐的人。

战胜对自己缺点的偏见。假如你的缺点能通过努力得到弥补的话，那就努力完善自己吧；假如不能弥补，那就接受自己的缺点，善待自己的缺点，然后再强化自己的优势。当你的优势足够突出后，你的缺点就会成为无关紧要的存在，甚至还会成为你的特殊标志。

相信你就是最大的奇迹。这个世界上只有一个你，你是独一无二的。正因为你的唯一性，所以你才要让自己的人生过得丰富多彩，少一点遗憾，多一点成就。要有鸿鹄一样的志向，而不做目光短浅、胸无大志的燕雀。

学会控制情绪。人们都说控制好情绪，就能掌握自己的命运。你时常让你的情绪如火山一样喷发吗？你是否有着愤怒过后，内心无比失落、痛苦的感觉，并觉得更加自卑？那么就好好地控制自己的情绪吧，哪怕事情到了最糟糕的地步，也先给自己几分钟时间冷静一下。俗话说，允许情绪控制行为的人是弱者，能让行为控制情绪的人是强者。你一定要做强者。

放下烦恼。时刻告诉自己："我要快乐，我要成功，我没有时间和精力去烦恼。假如有了烦恼，我要做的是用心思考，找到办法解决它。"还要告诉自己，任何事情都有一个结果，结果无非两个，要么好，要么不好。这个世界上没有最坏的事情，只有把事情想得最坏的人。

鲁迅先生曾说："我觉得坦途在前，人又何必因为一点小障碍而不走路呢？"每个人都会遇到失败，关键是你在遇到失败或挫折后做出何种反应。有时候失败或者挫折会扰乱你的思维，而接二连三的失败更会让你失去信心。一旦信心丧失，成功的可能性就会极大地降低。只有对自己满怀信心，在前进的道路上不抛弃、不放弃，坚持不懈，才能在最后获得真正的成功，这类人的内心永远是强大的。

# 宽容，让内心更强大

　　宽容和谦让是内心强大的标志，也是一个人强大气场的体现。色厉内荏与内心强大是两个不同的概念，前者是外在的表现，而后者是内在的辐射，是一种不言而喻的气场。宽容和谦让会改变他人，影响他人，感化他人。这是一个人的魅力，更是气场的力量。

　　内心强大的人懂得，与人相处最重要的是宽容。因为懂得宽容和谦让更容易解决争端，让人与人之间和谐沟通。反之，不懂得宽容和谦让的人，往往在与人相处时拒人于千里之外，呈现出一种高傲和清高的态度，容易让自己陷入孤立和被动之中。

　　在交际中，宽容和谦让能让他人体会到真诚。这种美德更需要内心的修养和勇气的锻炼。试想一下，一个人整日为自己遇到的挫折而懊恼，整日为他人侵占了自己的利益而耿耿于怀，长久下去会导致怎样的结果？

　　在社交场合中，宽容和谦让的人更容易得到人们的亲近和欣赏。他们能够原谅别人有意或者无意的过错，他们会轻而易举地化解矛盾。相反，那些色厉内荏的人虽然在表面营造出一种盛气凌人的气势，但是实则影响力是非常弱的。

　　已经76岁的苏珊万万没有想到，自己独居四十年后，还能尽享天伦之乐。在苏珊不到30岁的时候，丈夫就去世了。好在他们有个名叫约翰的儿子，这让苏珊不会感到日子过得太过孤单。

　　但是，不幸并没有终止。由于意外，约翰在17岁那年被一群游荡于社会的坏孩子砍伤，最终因抢救无效而身亡。这种丧子之痛令苏珊无法承受，她几乎把眼泪都哭干了。每当她在街头看到那些不学无术的小混混时，她就想把他们统统杀掉。

就这样，苏珊痛苦地生活了几年，后来，在一次"拯救灵魂"的公益活动中，她碰到了一位已经年迈的牧师。当他听说了苏珊的遭遇之后，便颤颤巍巍地对她说道："你的痛苦我可以理解，然而你知道吗，怨恨根本不能改变任何事情。其实，这些混社会的孩子也非常不容易，因为没有父母的关爱，这些孩子才误入歧途。而社会也总是用异样的眼光去看待他们，所以他们多数人都不懂得到底什么是爱，从而更没有办法去爱别人。或许，我们都应该试着去爱他们。"

仍被丧子之痛包围着的苏珊愤愤地向牧师反问道："让我爱他们？这可能吗？他们夺走了我的约翰！"

"那已经是一个过去很久的意外了，放下这些怨恨吧！你应该试着走出来。假如你愿意用一颗宽容的心去原谅他们，他们都会成为你的约翰！"牧师开导苏珊。

后来，经过老牧师的一再劝解，苏珊尝试着加入了"拯救灵魂"这个组织。她会从每个月抽出两天时间去一家少年犯罪中心，试着接近这些曾经犯过错误的孩子。

开始，苏珊还是摆脱不了丧子的阴影，可随着时间的推移，她渐渐改变了看法。她发现，这些所谓的小混混并没有那么坏，他们也渴望关爱，也渴望别人能关心自己。

苏珊在接下来的日子里，像组织里的其他成员一样，认领其中的两个孩子，她经常带着食物来看望他们，并且和他们交流。等到两个孩子刑满出狱之后，她又认领了新的孩子……直到现在，她已经先后认领了30个孩子。在苏珊精心的照顾和呵护下，他们似乎真的把苏珊当成了自己的母亲。即使刑满出狱后，他们也没停止和苏珊联系。他们就像苏珊的亲生子女一样，经常去看望苏珊，陪她聊天、看电视，帮她做家务，给她送这样那样的礼物……现在，苏珊早就走出了悲伤的阴影，她总是欣慰地说："我从没有像现在这样幸福过。"

生活在这个世界上，人们走路的时候难免会有相互间的碰撞，哪怕是最和善的人也难免要伤别人的心。

有一位哲学家说："也许在很久以前，有人伤害了你，而你却忘不了那件不愉快的往事，到现在还痛苦不堪，那就表示你还继续在接受那个伤害。其实你是很无辜的，你要了解到，你并不是世界上唯一有这种经历的人。赶快忘掉这不愉快的记忆，只有宽恕才能释放你自己，让你松一口气。"假如你的心里已经酝酿出憎恨的情绪，那么你的生活可能会慢慢失去秩序，你的行为也会变得越来越极端，最终酿成大祸。

宽容听起来挺容易，但要付诸实践行动就没那么简单了。我们都持有这样的观点，我们应该为我们所犯的错误去买单，因为这样才是公平原则，否则还有什么公平可言？但要是我们不选择去宽恕的话，会发生什么情况？沉浸在痛苦中，还是一心只想报复？造成这样的结果值不值得，这才是一个最值得我们关心的问题。有一个年轻人和他一个好朋友合伙开了一家公司，然而，就在创业阶段，他的那个朋友竟然背着他挪用了公司的周转资金。

因为缺乏资金周转，他们的公司被迫停业，在停业期间他们的损失很大。后来他的那个朋友为此感到无限懊悔，多次恳求他，希望能得到他的宽恕，因为他的那个朋友万万没有想到会出现这种亏损的局面。

但是，他已经对这个朋友失去了信任，并且十分憎恨此人。事实就是这样，假如那个朋友没有挪用公司的资金，最起码公司也不用赔得像现在那么惨。可是，这已经成了既定的事实，为了还债，他只能变卖自己的房产，而自己也只能去租房住了。

每当他和朋友聚会的时候，他就会当着所有朋友的面大骂那个朋友一番。有时候喝醉了，他甚至产生过想杀掉那个朋友的念头。

因此，从那件事发生后，他每天都很痛苦。他经常在夜里做噩梦，梦见他把那个朋友推下一个万丈深渊。惊醒后，他往往汗流浃背。他因此被郁闷和失眠困扰着，始终都没能从那个朋友背叛自己的阴影中走出来。

一个宽容的人内心必然强大。他们懂得在与人相处时为他人着想，懂得站在别人的角度思考问题。一个懂得谦让的人，不会为一己私利斤斤计较。在面对利益纷争时，他们会首先选择谦让，而不是奋力夺取。当然，这并非懦弱，也并非胆怯，这是一种美德，这种美德给人的是一种强有力的震撼。

# 不经历风雨，怎能见彩虹

挫折往往是创造成功的大师，同时也能很好地磨炼我们的意志。那些战胜挫折的人在和挫折做斗争的过程中，会让自己的人格更加完善，让自己面对困境和解决复杂问题的能力得到提升，同时让自己在经历了暴风雨的洗礼之后闪耀着夺目的光彩，拥有一般人所没有的强大气场。

假如我们拒绝了失败，那就等于拒绝了成功。假如我们总是害怕失败，而且想让自己拥有不怕失败的态度，那就应该记住这句话："假如你问一个善于溜冰的人如何获得成功，他会告诉你：跌倒了，爬起来，便会成功。"面临挫折，没有必要退缩，而是要拿出自己的勇气去战胜它，一旦我们取得了成功，我们的意志和人格会让我们的气场更上一层楼。

我们用什么态度去面对生活，那么生活也将用什么样的态度给我们回馈。法国著名作家巴尔扎克说过："世界上没有绝对的事，苦难对于智者是垫脚石，对于强者是一笔财富，对于弱者却是万丈深渊。"这说明了态度的力量是巨大的，水能载舟亦能覆舟，态度对于我们的人生也是同样重要的。消极的态度会产生阻力，让我们的人生变得灰暗，积极的态度能形成动力，让我们的事业走向辉煌。

其实态度就是一种信仰，相信一切皆有可能，只要我们不向命运低头，那么命运就会掌握在我们手中。每个人总会有一些无所适从甚至举步维艰的迷茫岁月，那些取得成就、有所建树的人没有谁不是从逆境中走出来的。从这个层面来说，我们可以这样认为：态度决定了我们未来的生活。

美国成功学大师卡耐基说过这样一句话："山谷的最低点正是山峰的起点，许多走进山谷的人之所以走不出来，正是由于他们停住双脚，蹲在山谷里烦恼哭泣的缘故。"从这句话中我们可以看出，其实处在什么起点、什么高度和什么地方都不是重点，最重要的问题是我们应该尽快看清自己的方向，确定下一步该往哪里走。

不要让自卑主宰我们的生活，要做一个乐观自信的人。就算失败也没关系，不要沮丧，也不要气馁，我们依然要尽快找到自己前进的方向。

只有当我们敢于直面生活中的挫折和不公平，不躲避，也不放弃，拿出自己的信心和行动，努力做出改变，那么，这个努力拼搏的过程就是我们完善自己人格的过程，同时也是体现和提升自己积极气场的过程。

行走在大漠中的旅行者迷失了方向。这时，他带的水和干粮也都消耗殆尽。当他翻遍了身上所有的口袋后，才找到一个青苹果。"哇，我竟然还有一个苹果！"旅行者是那样惊喜。

于是他把那个苹果紧握在手中，开始继续在沙漠中寻找出路。干渴、饥饿、疲乏时时刻刻都会向他下战书，每当这时候他都会看一看手中的苹果，舔一舔干裂的嘴唇，于是就会产生一股动力。

过了一天、两天、三天……终于在第四天的时候，他看到了村落，原来自己已经走出了沙漠。这个时候，他那干裂的嘴唇上已经出现了好几道裂口，可是他依然没有咬过一口苹果，还是把它像宝贝似的一直紧攥在手里。

这个故事的确让我们惊叹，一个看上去如此不起眼儿的青苹果，竟然会让人产生如此巨大的力量！

的确不错，信念的力量就能创造这样的奇迹！它之所以伟大，就在于面对不幸的时候，它能唤起我们生活的勇气；当我们身处逆境的时候，它能帮助我们扬帆起航。信念，是我们心中一团永不熄灭的火焰；信念，是追求成功的内在驱动力。

一生中，我们可以发现很多问题，然后找到解决问题的方法。可是所有的方法归结到一起，那就是成功的信念和欲望。我们不可能总是青云直上，不可能事事都称心如意。虽然有的人身体可能先天不足或后天患有疾病，可是他依然能成为生活的强者，依然能创造出正常人都很难创造出的奇迹，凭借的就是信念。这种坚持到底的信念也会让一个人建起钢铁般的心理长城。

　　遭遇挫折的时候，不是我们畏惧和回避的时候，正是我们勇敢去正视并打垮它的时候。我们在挫折面前越懦弱，结果就越会让我们失望，这样我们将必败无疑。只有我们拿出自己毫不畏惧的勇气，凝聚最强大的气场，才能提高我们的能力，改变我们的人生。

# 积极的态度，带来积极的气场

消极的态度是非常可怕的，它总是想尽一切办法来蚕食我们的心灵。然而，我们的态度是什么样的，气场就是什么样的。我们的气场在积极态度的引导下，会变得更积极、更强大。相反，在消极态度的影响下，气场也会越来越消极，从而让我们的人生笼罩在乌云之下。

有一个村子里住着一位年过六旬的老太太。按常理来说，她到了晚年，应该享享清福。可让人出乎意料的是，她生活得一点儿也不快乐，整天都情绪低落，几乎没有一天开心过。

村里的人看见她这样的状态，都不知是出了什么事。一天，村里来了一位老禅师，当他听人们说了老太太的事情后感觉到很好奇，于是便来到了老太太家里了解情况。

老太太告诉禅师说，她之所以整天不高兴，就是为自己的两个女儿担心。她说，她的大女儿是开染坊的，小女儿是卖伞的。每当下雨的时候，她就担心大女儿的染坊生意不好；而每当天晴的时候，她又担心小女儿的伞卖不出去。所以，她整天都为她们担心，心情没法好起来。

禅师听了老太太的话之后，劝她改变一下消极态度，让她从积极的角度出发看问题：假如天下雨，小女儿的生意就会好；而假如天晴，则大女儿的生意就会兴隆。

经禅师这样一开导，老太太顿时觉得心情好多了。从此以后，她的生活态度改变了许多，再也不愁眉苦脸了，日子过得越来越好了。

事实上，老太太的生活并没有什么根本性的变化，只是她的生活态度发生了变化，她的态度积极了，所以气场也积极了，于是就为她带来了不同的生活。

　　其实生活本来就没有所谓的完美无缺，而倘若我们总是从消极的角度去对待它，那么我们看到的一切都将无比黑暗。这是因为我们消极的心理让自己的气场披上了消极的外衣，所以这个时候，我们会认为整个世界都是消极的；相反，倘若我们从积极的角度去观察它，这个世界就是光明的，这是因为积极的心理产生了积极气场，所以我们眼中的一切都是积极的。

　　在生活和工作中遇到挫折时，我们应该精心思考究竟问题出在什么地方，这才是正确的做法。通过思考，我们就会发现是自己的方法出了问题，并不是上苍不照顾我们。当我们的人际关系出现问题时，就应该多反躬自省，这样我们就能明白问题是由于自己在待人接物方面还做得不妥而造成的，并不是别人有意针对我们……这就是积极的气场。积极的气场就是这样在一点一滴中形成的。

　　积极气场的核心就是积极向上的生活态度。当我们学会了用积极的态度去替代消极态度，不但我们的气场会转向积极的方面，而且在气场作用之下，身边的很多事情都会变得对我们有利。

　　我们不要始终抱着消极的态度去面对生活，也不要整天抱怨自己命不好。真正的原因在于我们没有让自己形成积极的气场，在于我们没有认真付出，没有用对方法；当我们有朝一日变得富有，也不要沾沾自喜地认为这是老天对我们的眷顾，其实这些都源于我们的积极气场。积极的气场赋予了我们上进的动力，我们在它的推动下付出了辛勤劳动，于是便获得了相应的回报。

　　生活必然有贫穷和富有，也必然有悲伤和快乐，这一切其实和气场相关。那些敢于面对生活、热爱生活并且总是能以最积极的态度面对生活的人，才能真正让自己的气场变得积极，从而让自己的人生变得美好起来。

# 独立思考，让内心变得更强大

一位服装大师曾经说过这样一段话："同样是一件蓝色礼服，你们不要只是看衣服的款式和颜色。不管它看上去是多么普通，在我看来，即便只是加上一条腰带，都会使它成为一件不同凡响的礼服。"

是的，也许我们一般人在看相同颜色的礼服的时候，很难发现它们的不同，而这位服装大师能够看出它们的不同，就是因为他具备独立思考的能力。

对于一位拥有独立思考能力的人来说，当所有人都只看到事物的表面时，他会从另一个角度去看待这个事物，他会去思考事物的不同方面。正是因为这样，他才能够获得无限的创意，才能够获得心灵的自由，体现出与众不同的气场。

法国哲学家笛卡尔曾说过："我思故我在。"可见，一个人是否能够体现出他存在的价值，完全在于他的思考能力。当然，每个人都有思考能力，可有些人就像墙头草，哪边风大就往哪边倒。他可能在思考，可是他的思考是跟着别人走的，也就是说，他的思维经常受到他人的干扰，人云亦云，没有一个坚定的立场，这样的人给我们的印象是无足轻重的。相反，有些人在处理某件事的时候，总能够提出独到的观点和见解，能够坚定自己的想法，能够让我们心中一震，马上成为现场的亮点，彰显出一种强大的气场，主要原因就在于他具有独立思考的能力。

王晓磊是某公司的一名新职员，刚到公司，当然干劲十足。在公司策划部工作了几天之后，他发现上司总是要求他按照现有的工作流程和工作模板来完成工作，策划部总是被动执行上级所下达的活动策划内容，而并非自己去主动完成一些活动的策划。他在想："是不是我们能够自主策划一些项目呢？"

有一次，王晓磊向主管提出了这个问题，但主管认为，他们公司现在已经是一个非常成熟的公司，策划部门没有必要单独花时间去研究新提案。

尽管被泼了冷水，但王晓磊仍在思考着一些有价值的方案。在完成部门所交付任务的同时，他仍旧花时间去研究一些新的策划方案。随后，王晓磊经过自己的研究及思考，终于完成了一个很满意的策划方案。

做完方案后，王晓磊将策划方案直接交给了主管。主管很不理解地拿起了方案，心想："放着轻松的日子不过，干吗要给自己找这么多事呢？"最后，主管通过程序把这个方案递交给了总经理。

总经理看后觉得这个方案十分具有创造性，决定实施这个项目。这是主管、王晓磊以及他们部门的员工都没有想到的，而且总经理直接任命王晓磊担任此方案的负责人。几乎在一夜之间，部门所有的员工都向王晓磊投来了赞许的目光。

要想具备独立的思考能力，就要有自己独到的见解。那些老好人、随大溜的人总是那么平庸、不起眼儿，浑浑噩噩过了一辈子，这是一件多么可悲的事情。因此，要让自己的气场强大起来，就应该拥有独立思考的能力。如上例中的王晓磊，总能够给人耳目一新的感觉，他的心灵是自由的。同时，个人的气场也是一种自由的外露，这种气场是由内而外散发出来的。他能独立思考，证明了他内心的强大，继而凸显了他强大的气场。

陈寅恪说："独立之精神，自由之思想。"一个人的思想不能够出现禁区，不能够被束缚。一位大师之所以会有常人所不具备的内涵、定力及文化底蕴，就是因为拥有了这种独立思考的能力，所以才具备了强大的气场。

独立思考是一种习惯，这种习惯源于你面对事物的时候保持冷静、积累事实。保持冷静能够让你想得更深、更远；而积累事实则帮助你实现自己的思考。当然，独立思考并不是空想，而是需要在事实的基础上进行思考，这样才能激发我们自由的心灵。

# 内心强大的人，才能创造自己的辉煌

有些人在面对突发事件的时候，总是能够做到处变不惊、运筹帷幄，这种强大的气场令人折服。他们之所以会给人这样的感觉，完全来自个人对局面的控制力。试想一下，你在做一件十分有把握的事情时，你的内心是怎样的？必定是信心满满、不慌不忙。即使有一些让你意想不到的事情发生，你也会有条不紊地处理。因为你心里有数，有控制的能力，能够控制事情的发展及走向，当然也就不会有所谓的无助及绝望。这就是控制感带给你的能力和气场。

那些内心强大的人，往往有很强的控制力。即便在面对压力和打击的时候，他们也能够控制局面，从而掌握自己的命运，将一切打理得井井有条。

一位研究者来到一所疗养院，做了这样一个实验：他将新来的老人随机分成了两组，一组给予对生活的控制权，而另一组没有给予这种控制权。

在拥有控制权的一组，研究者把他们安排到了一个小屋子，然后对老人们说，养老院将会给予他们最好的生活条件，但是他们的生活依然要自己来负责，一些生活上的决定他们必须要自己做出。

而他们需要做出决定的内容包括房间布置的样式、电影要在何时放映、听什么样的音乐，等等。最后，研究者给予这一组老人每人一株小植物或者一只小动物，并要求这些老人照顾它们。

而对于另外没有给予这种控制权的一组，研究者也给予了这些老人同样的生活待遇，但他告诉这些老人的是："只要在这里安心养老就好，其他什么事情都不用操心，一切大小事务都由养老院来安排。"同样，他最后也给了每个老人一株小植物或者一只小动物。不同的是，他告诉这些老人，这些植物及动物只需要自己欣赏就可以，不需要他们来照料，有护士帮他们来照料。也就是说，他们不需要做任何事情。

过了一年之后，实验结果表明：被给予了自由控制权的这一组的老人生活得更加快乐积极，并且能够和他人有很好的沟通，死亡率只有15%；相反，没有这种控制权的老人则大多郁郁寡欢，精神状态明显不如从前，死亡率达到了35%。

其实，案例中所讲到的自由控制权就是一种控制力，有控制力的老人懂得安排自己的生活，他们将命运掌握在自己的手里，于是他们能够主动去选择喜欢的生活方式，从而增强了内心的动力，让内心有了追求和希望。在日渐强大的内心中，他们也逐渐找到了生活的乐趣。反之，没有控制力，就会对生活产生一种厌倦感，久而久之，内心就会变得软弱而失去方向。

一个人真正的控制力，是能够主动掌握自己的命运，善于化解压力。

一个人的控制力越强，他的内心就会越自信。这种自信会让他有勇气和力量去面对生活的挫折和打击，令他的气场逐渐强大。他的控制力越强，他解决事情的能力就越强，这样的人会充满激情地生活。反之，控制力弱的人，生活中总是弥漫着无助和绝望，他们会怀疑自己的办事能力，觉得上天不公平。其实，这不过是他们内心不够强大的表观。

那么，如何能够增强控制力？

1. 主动调整自己的情绪

控制感强的人往往拥有平稳的情绪。很多时候，一个人的情绪反映了他的生活态度和生活状态。生活中难免会遇到压力，学会用积极的情绪去面对问题会让内心变得强大。一个时刻保持乐观积极情绪的人天生拥有一种特别的感染力，这种感染力在社交场合中往往能够出奇制胜，赢得他人的瞩目。

2. 独立解决问题

一个能够独立解决问题的人必然有一颗强大的内心，这基于他对于自己的信任。控制力强的人，必然能够在面对一件事情的时候做出自己的判断，并能够尽自己的能力去解决问题。所以，当生活中遇到一些问题的时候，我们不应该回避，而是应该尝试想办法去解决问题。

当问题被解决的时候，你的内心也会获得极大的满足感；当你将解决问题当成一种习惯的时候，你的气场就显现出来了。

其实，我们也可以把控制力理解成为一种骨气、一种斗志。两个接受同样磨难的人，一个人自认倒霉，认为没有可能去战胜这种困难，找不到战胜这种困难的方法，就会受尽折磨，也许是一辈子；而另一个人在与磨难做斗争的过程中找到了战胜困难的方法，因此他在每次遇到这种磨难的时候都能够很快地解决。结果是显而易见的，后者的意志、自信心、积极性肯定要比前者的强很多。

比如，一家公司要裁员，消息传出来，有的员工开始自暴自弃，而那些内心坚定的员工则相信自己是优秀的，是不会被替代的，反而比以往更加卖力工作。

这就是个人控制力的差别，控制力弱的人容易对生活失望，而控制力强的人则能坦然面对人生的每一次冲击，主动掌握自己的命运。

# 第四章
# 气场靠情绪的调动和指挥

　　每个人的心态都会根据不同的事情和不同的环境而产生相应的变化，这是很自然的。假如我们在社交过程中不善于控制自己的心态，说生气就生气，则可能给他人留下不成熟、不可靠的印象，从而导致社交失败。

# 拥有好心态才有良好的气场

我们对于万事万物，都可以用两种不同的观念去看待：一种是正面、积极的观念，一种是负面、消极的观念。如何看待事物就反映了我们的心态。人们的心态完全是由自己的想法决定的。心态对我们的生活和工作都会产生很大的影响，与此同时，它也会对我们的气场产生影响。

一位学者去一所大学找来10名学生做实验。其实这个实验很简单，只要这10名学生按学者的指挥，走过一座弯弯曲曲的小桥就完成任务了。学者在实验开始前还提醒他们说："最好不要掉下去，当然假如掉下去也没关系，下面只有一点儿水而已。"

这10名学生听了学者的要求后便迫不及待地走上了那座小桥。当他们走到桥的那边后，学者打开了一盏黄色的灯。在灯光下，这10名学生往桥底下一看，顿时都心惊肉跳——原来桥底下并不像学者所说的仅仅有一点儿水，还有几条可怕的鳄鱼。

这时，学者问他们："这回谁有勇气再走回来？"10名学生你看看我，我看看你，谁都不敢向前迈出一步。

学者开导他们说："同学们，大家不要怕，你们可以使用心理暗示的方法，想象自己走的是很坚固而且很宽阔的铁桥……"经过学者的一番鼓励，终于有3名学生站出来打算再次过桥。

结果，第一个人才走了几步就吓得不敢前进了；第二个人边走边打哆嗦，好不容易走了一半便也退缩了；第三个人费了好大劲，总算走完了全程。可是等他走完后，全身的衣服都被汗水浸透了，而且花的时间比他第一次走要多出两倍。

这个时候，学者把所有的灯都打开了。大家发现，鳄鱼的确是真的，可是在桥和鳄鱼之间设置了一层铁丝网。只是网也被涂上了黄色，在明亮的灯光下看得很清楚。"现在大家完全不用怕了，都走过来吧！"学者对学生们说道。于是学生们开始往桥上走，结果还有一个学生不敢走。学者问他为什么，他说："我担心那张铁丝网不结实。"

这位学者做这个实验的目的就是测试心态对人的气场的影响以及由此而产生的对人们能力和行为的影响。

刚开始没有开灯的时候，10名学生的心态都很好，所以大家的气场都是积极的，都很顺利地过了桥。而当打开了一盏灯看见鳄鱼时，10名学生的心态便发生了变化，所以他们的气场也随之改变。消极的气场让所有人都越想越恐惧，于是不敢前进了。当所有灯开启，大家明白了真相的时候，他们便调整了自己的心态，把自己的积极气场重新建立起来，无所顾虑地走上了桥。

只有最后一个学生没有勇气再次走回来，其根本原因还是由于他那负面、消极的心态而造成的。

正面、积极的心态会让我们的气场也变得积极，于是便能产生前进的力量，从而把很多积极、正面的事物都吸引到我们身边；而负面、消极的心态则会让我们的气场变得消极，这样就会牵绊我们前进的步伐，让一些消极负面的事情来到我们身边。

倘若我们是一个团队的领导或是成员，那么我们肯定对上面的理论有比较深刻的体会。比如，一天早上我们刚来到公司就发现很多同事都看起来都很沮丧，做事没有劲头，于是我们也会产生不安的心理。倘若这个时候，几位同事讨论说："咱们公司这回完了，这个项目损失惨重。""听说咱们老板携款潜逃了！""看来我们从今天开始已经失业了！"只要有类似这样的坏消息，顷刻间会让整个办公室里的人都变得异常消沉，先前那种充满战斗力的状态必然会荡然无存。

倘若我们是其中的一员，一定能感受到这种具有强大负面作用的气氛。

这是消极心态形成消极气场的强有力的印证。

当然，有时也会出现相反的情形。比如，当我们得知公司将面临倒闭的时候，于是便懒洋洋地走进公司，原本打算等公司正式通知后就走，可是这时候我们发现大家都在拼命工作。"咱们要努力，公司的命运就靠我们了！""相信我们这次一定能共渡难关！"在这样的气氛中，我们就可能像马上从梦中清醒过来似的，调整好自己的心态，快马加鞭，投入紧张的工作中，让自己也融入整个团队的积极气场中。

既然心态对我们的气场可以产生影响，那么我们为什么不去调整自己的心态呢？为什么不让自己的心态更正面、更积极呢？因为它能让我们的气场更正面、更积极，这样一来，我们的人生也会发生很大的改变。

# 世界本不喧嚣，只要你的心别太吵

　　新时代的人们好像每时每刻都在和快节奏的生活搏击，特别容易为压力、烦恼、郁闷所累，这些负面的情绪总是压得人们喘不过气。即便是这样，也没有几个人会每天给自己一点儿时间来认真思考这忙碌紧张的意义。是人们已经养成了这样忙碌杂乱的生活习惯，还是已经习惯了这个时代？

　　有个农夫在农场工作。一天他打扫完马圈之后，突然发现他妻子送他的怀表找不到了。这块怀表对农夫来说意义非凡，于是他马上回到马圈去找怀表，找了很久，几乎把整个马圈都翻了一个遍，却还是没有找出来，农夫只好颓丧地走出马圈。

　　在这时，他看见外面有一群小孩子在玩游戏，他便去向那群小孩子说：假如你们里面有谁能在马圈里面找到我的怀表，那便能拿走5角钱奖励。那群小孩子听后便一窝蜂似的跑进马圈里去找怀表，过了一会儿，当小孩子们走出马圈，告诉农夫没有找到怀表时，农夫更加难过与气馁了。

　　这时候，一个很小的孩子对农夫说："我能进去找一下吗？"可是农夫觉得大家几乎都把马圈翻过来了，还没找到，一个这么小的孩子怎么能找到呢？

　　但一想反正也没有损失，农夫还是同意了这个小孩进去。一会儿，小孩就拿着怀表走出马圈了。农夫诧异地问小孩是怎么找到怀表的，小孩子对他说："我走进之后什么也没做，只是安静地坐在地上。一会儿，我便听到了表针走动的声音，我便沿着声音找到了怀表。"

　　这个小故事是否能让你有所思考呢？

　　当你觉得生活陷入混沌与茫然的时刻，请为自己留点儿时间。退出纷扰的世界，找寻宁静的桃花源，在祥和、静谧之中倾听内心的声音。只有在那个地方，我们的心灵才会更加澄明，充满希望，从容面对人生必经的各种挑战；也只有在那个地方，我们才会真正感悟出什么才是最珍贵的东西。

每天给自己几分钟的独处时间，不要很久，只要几分钟就够了。可这几分钟对于你的人生却是价值连城的。每天都花上几分钟，能帮助你看清楚自己，看清楚自己的足迹，看清楚自己的目标与人生、事业乃至价值观是否相符。这样才不会让你自己白费功夫。

古人云："降魔者先降自心，心伏，则群魔退听；驭横者先驭自气，气平，则外横不侵。"所有烦恼与不满全部来自你的内心，只有你的心平静下来，才能改变这一切。"非淡泊无以明志，非宁静无以致远。"独自一人时的安静，能让你身心轻松，提升分辨对错的能力。

俗话说得好："心静自然凉。"假如能够心如止水，没有任何烦恼、牵挂，心事不过是微风拂面；但假如有太多的羁绊，一定会心灵劳累，百般不适。

在这个人们容易焦虑的时代，内心与灵魂更加需要独处时的安宁。这种安宁，可能存在于高山之上，可能存在于大海边，可能存在于一所郊外小木屋中。假如敢于独处，用心感悟，就一定能找到它的妙处。

独处的时候，你能把脑子里的思绪都排放出来，回想之前让人气恼的情景，在回想的宁静里，当恼怒与烦闷经过改造之后，再次回到脑海里时，已经没有丝毫情感元素，不会伤害你，也不会造成压力。

在纷繁喧嚣的尘世间，自信的人每天拥有几分钟独处的时间，实在是一种独特的享受。拒绝外来的诱惑，独自徜徉于自己营造的安静的气场氛围里，沏一杯香茗，放一段音乐，让疲惫的身心在静静的孤独中好好地放个假。或捧一册书，或看一处远景，抑或什么也不做，就静静地思索，让思绪在静寂中飘得很远很远……

# 抱怨会击溃你的气场能量圈

卡耐基曾经说过："任何愚蠢的人都能批评、谴责和抱怨别人，但宽容与理解却需要修养与自控。"不论在生活还是在工作中，在我们的身边，很多人都喜欢抱怨，不论是女人还是男人，不论是儿童还是老年人。抱怨的内容、抱怨的方式、抱怨的理由也是五花八门的。

生活中不如意之事十之八九，人人都会抱怨天气糟糕、交通拥挤、物价又上涨了……职场人抱怨自己的工作忙不完，干得多挣得少，领导不能慧眼识人，让小人得志；生活中，纯情少女感情受挫时，抱怨自己为什么真心地付出，得到的却是伤害，抱怨别人的无情，抱怨自己的痴心；年轻人抱怨自己没有一个有钱有势的老爸，苦苦奋斗还是输在起跑线上；老人抱怨儿女不知道孝顺；男人抱怨空怀一身绝技却无用武之地；女人埋怨婆婆太刁钻，抱怨丈夫没出息，抱怨儿女的成就无法让她满意；学生抱怨自己上的不是名校，老师水平太差，抱怨父母不知道关心、体贴自己，只关心分数……总之，只要抱怨一旦形成习惯，生活中无论遇到什么事，都无法让你满意，你首先想到的就是抱怨。

当然，生活有时并不像我们想象中那样，理想和现实总有一定的差距，有时别人对自己的误解太深，因此抱怨也是难免的。大多数人只要遇到自己不愉快和难以满足自己需要的事情，抱怨情绪就会油然而生。人的确需要被理解，假如抱怨是一种不良情绪的适当发泄无可厚非，这种抱怨是可以理解的，而且这种抱怨也有一定的益处。比如，那些一贯温顺善良的女人有时会冲着丈夫大声喊叫，以发泄内心的激愤。尽管丈夫没有什么反应，但是她抱怨之后会感觉心情平静了许多，因为她释放了很多压力。当她倾诉了自己的烦恼，把不良情绪发泄出来之后，心里就会感觉舒服一些。这种抱怨对身体健康有一定的好处。否则，负面情绪积存太多，重压之下自己会首先垮掉。

可是，假如你总是被负面情绪所左右，像祥林嫂一样总是喋喋不休地抱怨一切，那么说明你的人生已经被抱怨绑架了。每当遇到事你就会先选择抱怨，这样长久下来，你会发现人们都会远离你，你的气场已经消失殆尽，再也无法吸引任何人的注意力。抱怨就是心灵的麻醉剂，渐渐地你已经麻痹了，习惯把抱怨当成家常便饭，并且把这种方式当作你生活的一部分。久而久之，就会像吸食鸦片一样对抱怨上瘾，你总是想从抱怨中让自己得到短暂的安慰，认识不到抱怨对你的伤害。尽管你知道抱怨对解决问题无济于事，但是你还会习惯性地去抱怨。于是，有的人动不动就发牢骚，没完没了地抱怨，或者吹毛求疵。

其实，不起眼儿的抱怨有着极大的负面作用，抱怨只会让我们看到事物消极的一面：一是弱化个人主体的力量，使自己在困难和问题面前无能为力；二是会滋生推诿心理，将自己面临困难或问题归罪于历史、社会、父母、领导、同事等其他客观原因，最常见的是一些中层领导在开会的时候总是大吐苦水，罗列一大堆困难、一大堆问题，抱怨制度问题、资源问题、上级不支持、广告费不到位、培训不够等，这就是推诿心理的表现；三是淡化责任意识，当出现困难和问题的时候，总是习惯于怨天尤人，将本属于自己承担的责任推得一干二净。比如动辄声称："这些不是我的责任，你怎么能怪我呢？"

假如你也是这样对待问题的，那么就说明，抱怨正在像瘟疫一样慢慢腐蚀着你的心灵，消减着你对人生与事业的激情，正在污染着你生存的环境和和谐的人际关系。你一旦成为抱怨的俘虏，你的人生就不会再有起色了。

抱怨情绪也会传染他人，抱怨不仅侵蚀抱怨者本人，对于组织发展的负面影响也是显而易见的。有位心理学家说过："我们往往把抱怨当作与人开始交流的最有效手段。人们之所以爱从负面的角度切入话题，是因为这个角度比正面的角度更能引起大家的共鸣，从而拉近彼此之间的距离。"正因为是负面情绪，所以，一旦组织中抱怨成风，一个人抱怨，那么，其他人也会不自觉地加入进来。如此，就会产生抱怨的从众效应，就会形成相互指责的不良工作氛围。当工作出现困难或问题时，上下级之间、各部门之间，纷纷将责任推向对方。结果，抱怨就会形成一个越滚越大的雪球，马上就要发生愤懑的雪崩。过多的抱怨就像可以溃堤的蚁穴，让一个部门、一个团队、一个企业溃不成军，轰然倒下！

情绪也会受到抱怨的影响，它会让我们脾气变坏，后果十分严重。特别是那些脾气暴躁的人，抱怨一番后看到对方无动于衷，很可能会把自己气出病来。

毛主席曾经在《七律·和柳亚子先生》中写道："牢骚太盛防肠断，风物长宜放眼量。"抱怨的确影响人们的身心健康。假如你是一家之主，那么，抱怨不仅会影响你本人，也会影响下一代的身心健康。假如你总在孩子面前抱怨，孩子也会形成这种不良的心理状态。

有一位爱抱怨的女士在单位改制中遇到了裁员等一些不愉快的事，几乎每天回家后都要跟老公抱怨个不停，不是抱怨经理制定的制度不公正，就是抱怨单位中有人给她穿小鞋。在她抱怨的过程中，女儿总是静静地做作业，她也没感觉什么。可是，一次期中考试后，女儿竟然不及格。当她教训女儿时，女儿嚷道："这不是我的错！你和爸爸都没有文化，不能辅导我，不是你们耽误了我吗？"

让这位女士意想不到的是一向乖巧的女儿居然学会了推卸责任、顶撞父母。后来，当她向女儿的老师说起时，不由自主地开始抱怨了。老师告诉她，还是改掉这个毛病吧，否则女儿也会受她的影响。这位女士这才恍然大悟。

抱怨会让人消沉。人生不可能事事顺利，假如与抱怨为伍，生活算是彻底没指望了。虽然抱怨可以让自己获得短暂的心理平衡，但是这种安慰也是空洞的。抱怨是一剂吗啡，它那种止疼作用是使人处于一种涣散麻木的状态，而不是积极清醒的状态。

大多数人都爱抱怨，却从没想过如何去解决问题。可在有些人看来，抱怨无济于事，在任何时候，办法都比困难多。即便是自己的条件不如他人，即便是面对那些不公平的待遇，他们也能暂且忍受。这正是他们的优秀之处。

但还有另外一些人，他们即使有抱怨，也不是只去抱怨，而会想着如何去解决这些问题。这些人都是优秀的人。你会发现，他们的气场都很强大，在他们的身上，你总是能找到积极的、正面的能量。

那些从不抱怨、默默工作的人，反而会给领导留下深刻的印象。因为他们的不抱怨给领导留下了好印象，觉得他可以委以重任；因为他们在别人抱怨的时间中，默默无闻地用工作成绩来为领导减轻压力；因为他们自觉地做了许多不是分内的事情。如此一来，领导能不青睐他们吗？正是因为不抱怨使他们能集中心智并将其放在工作上，于是他们不仅工作主动，而且为人谦逊，职位得到提升也是很自然的事情。由此可见，不抱怨是一种态度，也是一种智慧，不仅可以建立和谐广泛的人际关系，而且能够帮助自己开辟一片新天地。

不管在什么组织，任劳任怨地做出优秀的业绩，为组织创造价值，才是被提升的基本原则。因此，假如你一直对自己的职位不满，认为是屈了自己的才，不要总是抱怨领导没有给你机会，不妨仔细问问自己，是否在领导交给你任务后，能够圆满完成？

抱怨有时候就是推卸责任。不论在生活还是在工作中，每个人都会面临种种困难或问题，担任职务越高的人，其面对的困难或问题则越多。优秀的人接到公认困难的工作任务，不给自己找可以不完成的理由，也不在面对问题时掺杂任何消极的态度，试图把麻烦推给别人。他们总是积极面对困难或问题，积极尝试。即便没有取得他们期待的好结果，上司也会改变对他们的看法。因此，假如你有时间进行抱怨，还不如把时间用在寻找克服困难、改变环境的方法上。只要你能对某个问题提出两个以上的解决方案，人们就会对你刮目相看。

　　优秀的人有个共同点，就是不抱怨，而是想尽办法去解决问题。遇到困难去挑战它，遇到委屈去化解它。只有不抱怨才能获得成功，也只有不抱怨，才能取得进步。假如你是个爱抱怨的人，请向那些优秀的人学习，把困难或问题当成提高自己工作能力的一个个机遇。减一分怨气，多一分责任，多一分主动，用实干代替抱怨，那么机会早晚会来到你面前。

# 要想不生气，你需要大气

每个人都是感性动物，也是情绪化的动物。生活中的大事小事，甚至鸡毛蒜皮、柴米油盐，都会让人们情绪波动，女人更是如此。不管是在影视作品中，还是在现实生活中，那些有魅力的女人，往往自身的气场都很强大。而这股强大的气场，大多来自她们的大气、她们的从容。确实，对很多女人来说，要让她们做到"喜怒不形于色"是很困难的。有人说这是女人的天性，有人说这是女人几千年来生活在各种压力下，在各种缝隙中生存形成的生存本能。无论哪一种说法都有道理，或互为因果、互有关联。对现代女性来说，情绪化常常是一种阻力，阻碍了女性在各方面的得分。假如一心致力于事业，情绪化当然是阻力，妨碍了自己用理性来处理问题，就算辛辛苦苦当上主管，也很难得到下属的推崇；假如没有事业心，只想做个家庭主妇，也会因情绪化而搞得婚姻一团糟，让家人难以忍受。事实上，女性在家虽不是名义上的家长，实际上却是家中的主管，家庭里的很多事都是需要理性处理的。然而，这些得分还都是小分，真正失分的地方在于，一个不懂得驾驭自己情绪的女人，往往会使自己的魅力和气质大打折扣。

雯雯大学毕业后就直接去爸爸的公司工作了。其实爸爸妈妈本来是想让她自己找一份工作历练一下的，可是没办法，由于从小娇生惯养，导致雯雯非常任性，遇到不如意的事情就大发脾气或是万分委屈。爸爸心里清楚，这样情绪化的女儿去哪里工作都是不行的。

雯雯的男朋友毕业后打算自己开一家小广告公司。其实自己创业的想法是很不错的，可雯雯就是不同意，她给了男朋友两个选择："要么你开公司，咱们分手；要么你来我爸爸的公司工作。"最终，小伙子还是选择自己创业。雯雯虽然大发脾气，可两人感情很好，此事也就不了了之。可是没过多久，两人却因为小伙子的一次约会迟到而分手了。仅仅是因为小伙子忙工作耽误了几分钟，雯雯就不依不饶，说对方不在乎自己，大哭大闹。这次，小伙子只说了一番话就离开了。他说："雯雯，你不是孩子了，我和你在一起一直都像在哄孩子一样小心翼翼。我想，假如你再不知道控制自己的情绪，你是很难成熟起来的。我们分手吧！"

上面这个故事看起来有些让人哭笑不得，但在生活中司空见惯。试问，这样的女孩算是可爱吗？与其说是可爱，不如说是刁蛮泼辣、不通情理，这就是情绪化的一个侧面表现。或许小伙子最后说的那句话才是关键，一个不懂得控制自己情绪的女人是不成熟的，当然也是不可爱的。

过于感性并不是女人的一种魅力，也不是女性的一种特质，它是一种不理智的为人处世的态度，无原则、无方法、以自我为主、不顾全大局。今天可以接受的，明天却不可以接受；自己可以做的，别人却不能做；旁人不懂她，她自己也不懂自己。这是很多女人身上都有的问题，其实，这样的女人没有丝毫魅力。这样的行为虽然看上去是率真的表现，是清纯的，是直白的，可是，这样的率真、清纯、直白是不能细看的。对于女人而言，真正的魅力，来自气质的累积和智慧的包容。很明显，一个不知道该如何控制情绪的女人不是一个优雅的女人，这会让她看起来是愚笨而没有内涵的，甚至是粗鲁的。所以，当代女性需要注重培养自己的理性，除去性格里过于感性的部分。有时候情绪不好是难以避免的，也不需要矫枉过正。

人有七情六欲，有喜怒哀乐。脆弱的人受情绪的摆布，而强大的人则能控制情绪。在人们传统的印象中，女人就该是柔弱的、情绪化的、受情绪控制的。而事实上，任何一个完整的人，有内涵的人，魅力十足的人，无论是男是女，在内心世界里，都必须是强大的，必须是能够理性从容地掌控自己的情绪的。

常言道："刀靠石头磨，人靠事情磨。"真正富有魅力的女人，一定是有内涵的、有人生阅历的。年轻和美丽并不意味着真正的魅力。女人真正的魅力是由内散发出来的，一个知道怎样爱别人的人才能获得别人的爱。一个女人成熟与否，决定于她内心能量是不是足够强大，是不是能控制自己的情绪和生活。成熟的女人，对待发生的事情，不会慌乱，更不会让情绪爆发；不管贫穷与否，都能安然度日。成熟的女人明白自己要的是什么，知道自己要的什么，不会妄自菲薄，不会歇斯底里。所以，她们镇定从容、恬静淡泊。

如何做女人是一门深奥的学问，特别是做一个成功的女人需要在很多个角色之间转换。处事时要能独当一面，为人时则要明白上善若水。女人生性就有温柔、恻隐和包容的特性，这使她们更能把握自己的生活。只有充分发挥这些特性，女人才能使自己完美、成熟，才能掌控自己的情绪，掌控自己的生活。

驾驭自己的情绪不是说要把女人变成不近人情的机器，也不是要女人学会死板和刻薄，而是要让女人懂得淡定、包容，学会知性地看待生活和世事。

知性就是波澜不惊，无所畏惧。生活中哪能事事尽如人意？假如仅凭直觉去感受和面对这些不如意，让自己的情绪做主，那么任何人都无法承受如此频繁和巨大的波折与痛苦，因此带给别人的也只能是不愉快甚至是伤害。知性的女人好似一首田园诗，无论外界有怎样的变化和波折，自有她的安静、雅致。与她相处，你会觉得温暖、觉得包容、觉得安全、觉得快乐。这样的女人就是懂得控制自己情绪的聪明女人，她们没有激烈的斥责，没有刺耳的言辞，有的只是温柔与智慧，从内而外地散发着魅力与芬芳。

# 冲动破坏的不仅是气场，还有你的生活

有句俗话说得好："冲动是魔鬼。"很多人因为一时的冲动，酿成了一辈子都无法挽回的惨剧。等到冷静下来后，发现悔之晚矣。说一个更贴近实际的例子，很多女人每个月都冲动地往购物车添加商品，等商品寄回来后，却发现没有多大用处，有的甚至连包装都没有打开。但等到月底一看信用卡账单，就又有了"剁手"的冲动。

有个长得漂亮又聪明伶俐的姑娘叫琳琳，她都快30岁了，对象还是没有着落，这让她的父母和亲朋好友都十分着急。其实，琳琳一个人的时候也感到寂寞，看着身边的姐妹都已嫁人生子，过着其乐融融的婚姻生活，琳琳既羡慕又嫉妒。

按理说，她的条件并不差，怎么就没有人喜欢呢？

这里面的原因还是要从头说起。一天，有一个朋友约琳琳出去玩，坐下后朋友就发现琳琳心情不好。所以，朋友小心翼翼地问她怎么了，还没等朋友说完，她就抢着说："都是因为你，那天非要我买只猫回家，谁知那只猫四处乱窜，搞得家里乱七八糟。它今天还抓破了我最喜欢的衣服，我生气地教训了它一顿，谁知它却从阳台上跳下去了，现在是死是活也不知道。"听到这里，朋友再也忍不住了，说："你这样做就是虐待宠物知道吗？你这样以后能嫁出去吗？对待一只猫都这样，更别说你的老公了！"

听完朋友的话，琳琳想到了她前任男朋友在分手时对她说的话："你这个没事找事的毛病一定要改掉，说话做事之前一定要仔细思考，一定不要太冲动，那样会伤害很多人。"而当时琳琳听完他的话，只说了一个字："滚！"可后来发生的事证明，琳琳在那时的确是太冲动了，没有给前男友留下丝毫的好印象。所以每次想起这段往事，琳琳就会给前男友发条短信，却等不到前男友的回复。这时，琳琳似乎明白了一些道理。可是，还没来得及让她多想一下，一个电话打了过来，是妈妈托人给琳琳介绍的男孩约琳琳在一家餐厅见面。在这之前，琳琳和他也接触了几次，双方都感觉很好，所以都计划交往下去。

于是，琳琳向她的朋友告别，高兴地到约会地点去了。因为那个男孩没有订到座位，他们只能站在街旁忍受着闷热的暑气等着。看着时针一圈圈地转动，琳琳几乎要失去等待的耐心了，这时男孩终于找到了位置，可两人点餐之后，却迟迟不见上菜。过了一会儿，服务员过来告诉他们，他们点的那个菜已卖完了。琳琳听后火冒三丈，终于发火了，她开始找领班，没有谈出结果，她便转身就要走，打算随便找一家饭店去吃饭。而那个男孩子却坐在那里一动不动，一副想大事化小、小事化了的模样。

"我不吃了，你吃吧！等了这么长时间，现在告诉我菜没有了，也不知道吃这顿饭干吗？"琳琳生气地说。

"咱们有什么菜吃什么菜吧。"男孩子慢慢地说道。

"你爱吃什么吃什么去吧！"琳琳头也不回，大步走出店门，并且把那个男生的电话号码删掉了。

在回家的路上，琳琳突然又想起了前任男朋友的话："看上去那么温柔的一个姑娘，怎么一生气，十头牛都拉不回来呢？""要你管？不要这样纠缠我，赶紧走！"琳琳自言自语地说。经过的路人都惊讶地看着这个漂亮的姑娘像一个疯子一样在马路上大吼。

其实，琳琳不是故意说出那些话来伤人的，只是她一看到自己不满意的事情就忍不住。这是个让她十分烦恼的问题，因为这样容易冲动、口无遮拦，她在别人眼中几乎成了一个恶魔。除了身边的几个同性朋友愿意和她交往，她几乎没有任何朋友，她感到很落寞。

在心理学上，冲动是一种行为缺陷，它是由外界刺激引起、突然爆发、缺乏理智而带有盲目性、对后果缺乏清醒认识的行为。同时，相关研究证明，冲动是靠激情推动的，带有强烈的情绪色彩，其行为缺乏意识的能动调节作用，因而常表现为感情用事、鲁莽行事，既不对行为的目的做清醒的思考，也不对实施行为的可能性做实事求是的分析，更不对行为的不良后果做理性的评估和认识，而是一厢情愿、忘乎所以，其结果往往是追悔莫及，甚至铸成大错、遗憾终生。

古代有一位酷爱打猎的将军，他整天征战，但也会抽空去打猎。而每次去打猎，他都会带着他的宠物猎鹰，这只猎鹰将军养了好多年。一次，将军带领一队士兵去打猎。他们一大早就出发，可是到了中午还没有收获，便回到了营地，十分扫兴。将军生性要强，不想就这样算了，于是他带上猎鹰、皮袋和弓箭一个人出发去山中。烈日当空，刚走了一会儿，将军就觉得十分口渴，可是附近都没有找到水。他便四处找水，走了很久，来到了一个山谷，将军看见有溪水从山谷上流下来。

将军很兴奋，他从皮袋里拿出一个杯子去接流下来的溪水。当快接满的时候，将军十分高兴地把杯子拿起来喝，可在这时候，一阵风吹来打翻了他的水杯，将水弄洒了，将军十分生气，大骂起来。这时，他抬头看见猎鹰在头顶上盘旋，才明白是猎鹰捣的鬼。尽管将军非常生气，却没有办法，只好拿起杯子重新接水。当水再次接到快满的时候，又有一股风吹来把水杯弄翻了。又是他的猎鹰捣鬼！将军生气地决定："既然你这只老鹰不知好歹，给我找麻烦，那我就好好管管你！"

将军抬起水杯，再从头接水。当水接到七八分满时，他悄悄拿出刀，握在手中，然后把杯子拿到嘴边。猎鹰再次飞过来，将军立刻拿出刀，捅死了猎鹰。不过，这次他的注意力全在杀死猎鹰上，没注意自己手中的水杯，结果杯子从手中滑落，掉进了山谷。将军没了杯子就不能接水喝了，不过他认为既然有水从山上流下，那么上面一定有水源，说不定是一个湖或是小溪。

于是，他花了很大的气力向山上爬。他总算爬上了山顶，看见那里真的有一个小池塘。将军对自己的准确判断感到十分得意，他立即弯下腰想要喝个痛快。突然，他看见有一条毒蛇的尸体趴在池塘边上，这时他才明白：

"原来猎鹰是为了救我，要不是它打翻我杯子里的水，我已经喝了被毒蛇污染的池水了。"

将军在生气的时候杀死了他心爱的猎鹰，明白了事情的原因才感到后悔。假如当时他可以控制自己的情绪，他心爱的猎鹰就不会死。

可是发生了的事情不能改变，这世上没有后悔药。所以要冷静地思考问题，特别是面对问题和矛盾时，要保持理性，不要冲动。冲动不能解决事情，还会让事态恶化，最后受损失的还是自己。

有人这样描述："冲动如喝酒，你假如喝了第一口，就会继续喝下去，直到喝醉。"所以，冲动是最不利也最损害自身的一种情绪，它衍生出的坏处会大大地超出我们的想象。

人们总是说冲动是魔鬼，事实上，冲动不只是魔鬼，它还会把你变成魔鬼。冲动，会让一个人犯下让自己后悔的错误。而女人因为天生具有感性情绪，更容易丧失理性，失去控制，所以我们需要多学习，提高自身修养，遇到问题认真思考再做出选择，经常提醒自己要戒骄戒躁。

# 懒惰会让正能量离你而去

生活中充满了不确定性，更重要的是没有人会一直替你管理你的生活。在学校时可能有老师管，让你交作业；参加工作了，可能有领导管，会检查你的考勤与工作进展。那么自己的日常生活与前程的重大安排呢？从决策、执行到监督落实，全靠你自己。

人人都有懒惰的一面，人的性格中就有惰性的成分。生活中常见一些惰性很强的人，能明天完成的事情绝不在今天结束；能让别人做的事情，绝不亲自动手；可以以后再说的事情，现在绝不多做考虑……殊不知，勤奋是取得成功的必备要素之一。而这里的"勤奋"主要就是指克服自己的惰性。

孟然大学毕业已经半年多了，可是一直没有找到工作。说是找不到，其实是她没有认真去找，因为她根本就不着急工作，家里经济条件好，所以谈不上什么就业压力。看着自己的同学一个个或忙于工作，或忙于找工作，孟然却乐得每天在家里睡到日上三竿。爸爸妈妈不止一次地劝导她："你都24岁了，怎么还是这么不知道勤奋呢？家里不缺让你好好生活的钱，可是你总得有自己的事业啊！就这样放任自己的惰性，也不着急自己的前途，将来我们都老了，你要怎么生活呢？"对此，孟然总是嘿嘿一笑，说："我知道啦，可是工作也要慢慢找嘛！再过几天我就去找，好吧？"对于自己这个懒惰又任性的女儿，爸爸妈妈也没有办法。就这样一直拖了半年，爸爸终于坐不住了，他和孟然商量了一下，决定帮孟然开一家小服装店，但前提是他只管出钱，其余的事情都要孟然自己张罗。结果，商铺找到了，可孟然依旧每天睡觉睡到自然醒，工商、税务、货源方面的事，她什么都不着急办，能拖一天就拖一天，一点儿都没有自己做生意的勤奋劲儿。后来爸爸看不下去，帮助她把一切打理好了。现在，孟然的服装店被她经营得一塌糊涂。这也难怪，谁见过一个懒惰的老板能做好生意的？

不过，我们很难相信上面案例里的孟然能够把自己的服装店经营好，也有理由相信，假如她依然这样不思进取、不知勤奋，那么她的未来注定会庸庸碌碌、一事无成。生活中这样的例子并不少见，让人奇怪的是，时代越发展，生活压力越大，懒惰的人就越多。特别是现在的一些女孩子，都喜欢以"享受生活""享受青春"标榜自己，不思进取，懒惰成性。过去，女人以勤劳吃苦为自己的座右铭。可现在，放任自己惰性的人却越来越多。难道女人就真的注定是弱者吗？

勤勉会带来成功、财富和好运。一个勤奋苦干的人终究能做成他所要做的事情，这是不变的真理，懒惰是失败之源，懒惰的人只知享受、玩耍和寻乐，只想等好运来临，注定碌碌无为。历来懒惰就是成功的绊脚石。不聪明的人，假如肯努力，同样能做出伟大的事来。我们看看历史上有多少著名人物，他们的成功都离不了"勤"字。聪明的人，假如不勤奋努力，也会庸碌一生。龟兔赛跑的故事不是只给小孩子看的，成年人一样应该从中吸取教训。许多懒惰的人在人生态度上就有问题，他们吝于在工作或职业上使出全力，觉得假如尽力而为却不能成功，就会很丢脸。他们的理由是既然未曾尽力，那么失败了也情有可原，不愁找不到借口。面对失败，他们时常耸耸肩膀说："这件事并不难，我根本没放在眼里。"许多失败者都是这个样子。更重要的是，懒惰是有延续性的，一个失败者就是这样被造就的。

人性里本就有懒惰的成分，这是心理上的疲倦情绪造成的。它有很多种表现，包括极度的散漫和懒惰。烦闷、害羞、妒忌、嫌弃等都会诱发懒惰，让人没有办法按自己的计划活动。而这种懒惰的行为，有的人懵懵懂懂，不知道这是懒惰；有的人把希望放在明天，幻想圆满的将来；还有更多的人虽然极力想要去改掉这个坏习惯，可总是不知道要怎么做，因而陷入恶性循环。

假如你是一个无法克服自己惰性的人，那么首先你要学会微笑。当你不再用冷漠、生气的面孔面对世界时，你会发现，你变得积极主动起来，因为你想把自己变得更完美、更成功。你也可以做一些你最喜欢的事，或是你想了很久的事。不要只看结果如何，只要这段时间过得充实，就该觉得愉快。另外，要保持乐观的情绪，不要动不动就生气。遇到挫折时，生气是无能的表现。正确的做法应该是冷静地查找问题出在哪里，或是寻求解释，或是与别人商量，哪怕争论一番对扫除障碍都有益处。这个过程带来的喜悦能使你更加积极向上，变得勤勉。当然，你还要学会肯定自己，勇敢地把不足变为勤奋的动力。学习、工作时都要全身心投入，争取最满意的结果。无论结果如何，都要看到自己努力的一面。你的努力最终会让你成功的。

不要放纵自己的惰性，给自己制订出计划和纪律，严格要求自己，看似委屈了自己，强迫自己放弃了很多的生活乐趣，不能够随意、潇洒地生活，其实不然。严格要求自己，正是养成良好习惯、克服惰性、享受高质量生活的前提。

不能随便放任自己，不能轻易向懒惰妥协，要坚定自己的目标与计划，才能管理好你自己的人生。不然，你就会随波逐流，贪图眼前的一点点安逸享受，而损失掉生命中宝贵的财富。 个人的勤奋付出是会有收获的，之所以还没得到自己想要的，可能是因为你的勤奋还不够，每个成功者的背后都有勤奋的付出。我们总是抱怨太多，其实是自己付出得太少了。为什么要不停抱怨呢，抱怨得再多有什么用呢？没有付出就没有回报，一个懒于付出的人还想要得到什么呢？

人们常说："努力的女人更可爱。"我们可以这样理解它——一个肯勤奋努力的女人，总会得到自己想要的，她就会一点一点靠近自己的目标，一步一步更接近自己心目中完美的自己。这样的女人难道不优秀、不可爱吗？生命是自己的，生活是现实的，假如不对自己负责，你必将成为一个失败者。要想得到自己想要的东西，必须要靠自己的勤奋和努力。

# 面对厄运看开一些，好运的气场就会不期而至

"祸兮福所倚，福兮祸所伏。"福与祸是相伴而行的。人的一生，既有夺目耀眼的时候，也有暗淡萧条的时候。当好事降临到你的头上时，不要狂喜不已、得意忘形，你应该学会淡然；同样，当有厄运降临的时候，你也不要过度悲伤、自暴自弃，你应该看开一些，因为也许厄运会在不经意间给你带来福气。

换言之，你应该明白这个道理，所以，我们每个人都应有"拿得起，放得下"的心态。得与失是一件事的两方面，得也好，失也罢，我们都应以平常心去看待。

生活中，有些人常常会因为婚姻的不幸或事业的失败而感到懊悔不已，觉得生活没有意思，终日沉浸在痛苦之中。安娜就是这样的人。不过，她是幸运的，因为她在遇见一个人后，便彻底改变了这种心态。

曾经，安娜是个容易患得患失的人，她经常因为得到一个东西狂喜不已，又因为失去一个东西而悲痛至极，她是一个很容易被得失左右心情的人。

她曾经在纽约经营一家杂货店，由于经营不善，杂货店倒闭了，而且她还负债累累。举步维艰的境况让安娜无法面对，她甚至想用自杀的方式结束自己的生命。

一天，她看到了一则招聘广告，赶紧凑过去看个究竟。不看还好，一看她更加心灰意懒。因为她觉得自己一条也不符合招聘信息中提出的要求，看来自己和这个工作无缘。

正当她郁郁寡欢地走在街上，看到迎面走来一个人，严格地说，那个人

是迎面"滑"来的。因为他没有双腿，也没有双手，他坐在一个装有滑轮的小木板上，完全靠光秃秃的双臂夹住一个支架滑行。当他和安娜的目光接触时，他没有像普通的残疾人那样下意识地躲开对方的目光，低头前行，而是有礼貌地笑了笑，并热情地打了个招呼："早安，女士！天气真的很不错啊！"

那一瞬间，安娜的心被震撼了，她想："这位缺了双手、双腿的人能如此快乐地活着，自己作为一个四肢健全的人，还有什么理由自怨自艾呢？与他相比，自己有手有脚，是多么富有啊！"

从此以后，安娜像是变了一个人一样，她学会了在失意时微笑，在得意时洒脱，学会了用平常心去对待生活中的各种事情。

故事中的残疾人在艰难行路的时候还不忘微笑着和路人打招呼，足见其礼貌；没有双手和双脚，仍然乐观，足见其勇气和自信；在木板托起的滑行生活中，仍能留意到好天气，足见他的豁达。

确实，和那些四肢不健全的人比起来，我们是幸福的。按理来说，我们应该也是幸福的，可是为什么还有那么多人感到世界不公、命运不济呢？想必是因为过分看重得失吧。得到时狂喜的人，失去时必定狂怒，喜怒之间，足见他们患得患失的心态，在得到之前，担心得不到；在得到之后，兴奋不已，又担心失去。这种只顾眼前得失的人的目光是短浅的，是不利于个人的长远发展的。

古人云，人生不如意之事十之八九。假如你想过得开心，活得轻松，不妨多把精力放在好事上，尽量不要被坏事牵着鼻子走。坏事的降临通常意味着你会失去一些东西，比如失去好心情、失去既得利益、失去健康，等等。假如你明白不幸、挫折、失败是人生的必经之路，用平常之心淡然看待，你就能走向成熟，走向快乐。

有一个没有右手的人，在众人之中他总是能够侃侃而谈，是众人的焦点——他丝毫没有因为失去右手而自卑和失意。在工作中，他是一个积极进取的人，凡事他都会争着去干，是公司优秀的骨干之一。在众人看来，他虽然缺了右手，但这并没有影响他的正常生活。

有人对他的平静感到难以置信，便好奇地问道："难道你从来没有意识到自己与别人有什么不同吗？你缺了右手，会不会感到痛苦呢？"

他笑了笑，回答说："我是和别人有所不同，因为我少了一只手，但是这有什么关系呢？我只有在某些特定的时候，才会注意到这一点。"

因为既然失去右手已经成为事实，在乎它也没有任何意义，毕竟，失去的手不会因为你的关注和在意而重新长出来。不在乎是为了让自己不在压力下生活，不把挫折的不良影响人为地扩大。可以说，这就是拥有平常心的人在挫折和不幸面前的表现——不以得为喜，不以失为忧。

这种积极的心态可以让我们更加专注于事业。拥有了这种良好的心态，我们才能更加冷静地去处理各种问题，享受点点滴滴的快乐。

其实，我们每个人的成功都受环境因素的影响。因此，得意时要学会感激；失败时要记住，还有比我们更不幸的人。我们不能一蹶不振，只要奋斗了、拼搏了，才可以无愧于心。这样就能赢得一个广阔的心灵空间，我们才能在人生的旅途中把握自己，超越自我。

# 第五章
# 气场是由内而发的气势

态度的好坏直接影响气场，它就像是一块磁铁，不管你的思想处于正极还是负极，你周围的一切事物都会受到它的牵引。好的态度得到好的结果，坏的态度得到不好的结果。上天给我们每个人都赋予了无穷的才华让我们去施展，关键看我们怎样去做。

# 拥有吸引人的气场

"我现在的状况真是糟透了，我在公司里做了很久，每天都很辛苦，可是老板根本不看重我。今天我原本……可是……再这样下去，我真都要发疯了！"

斯蒂文一边在纸上乱画，一面给乔打电话抱怨。斯蒂文在公司里做了一年的设计师，每一次给朋友打电话，他都会说上几句类似的话。

乔在电话的另一头问道："现在，你对公司里的各项业务都熟悉了吗？"

"没有。"斯蒂文说道。

"斯蒂文，我的朋友，我希望你能够冷静下来，认真地对待你的工作。既然你对公司了解得还不多，那么你就该再好好地学习一下。这样的话，等你离开公司的时候，也是有收获的。"

斯蒂文听了乔的建议，开始一丝不苟地工作。每天下班后，他都留在办公室里研究新产品的设计方案，或是其他与之相关的事宜。

半年后，斯蒂文跑到乔所在的加州去看望他。这一次，斯蒂文迫不及待地把自己的情况讲述给乔听："喂，伙计，你知道吗？这段日子真是太棒了，老板很看重我，我现在被提升了。"

乔笑着说："我早就猜到会这样的。当初你工作态度不认真，整天抱怨，愁眉苦脸，每天都心不在焉的。现在不同了，你整个人看上去精神多了，就好像没有你办不到的事情一样。你的工作能力增强了，给公司创造了效益，老板当然会对你刮目相看了！"

斯蒂文之所以变得受人喜欢了，变得有成就感了，是因为他的气场变了。就像乔说的那样，斯蒂文变得比过去精神多了，再不是愁眉苦脸的样子，工作态度也好多了，所以那个原本"看他不顺眼"的老板也对他改观了。这一切，都是因为他把消极的气场转变成了积极的气场，气场之间的作用，又把好运带给了他。

斯蒂文的气场如何在短短半年的时间里就发生了翻天覆地的改变？因为他的心态变了。态度的好坏直接影响气场，它就像是一块磁铁，不管你的思想处于正极还是负极，你周围的一切事物都会受到它的牵引。好的态度得到好的结果，坏的态度得到不好的结果。

美国最受尊崇的心理学家威廉·詹姆斯曾经说过："我们时代成就了一个最伟大的发现：人类可以借着改变自己的态度，改变自己的人生！"

的确，我们无法决定生命的长度，但我们可以决定怎么来度过这一生；我们不能够改变天气的好坏，但我们可以改变自己的心情；我们无法改变自己的容貌，但可以选择展现最美丽的笑容；我们无法去控制别人的想法和行为，但我们能够左右自己；我们无法知道明天会发生什么，但我们还可以把握住今天；我们不能够要求每件事情都顺利，但我们可以做到事事尽力，无愧于心。假如你真的可以做到这些，那么你散发出的就是一种耀眼的光芒，一种积极向上的气息，这就是最吸引人的气场！

美国某保险公司有一位推销员，名叫亚兰。亚兰想成为这个公司的明星推销员。他努力应用他在励志书籍和杂志中所读到的积极心态的原则。可是不久，他遭遇了一个厄运。

寒冬的一天，亚兰在威斯康星州一个城市的街区中推销保险单，却没有做成一笔生意。当然，他对自己很不满意。但他没有因此而气馁，而是选择了积极的心态，将这种不满转变为一种励志的动力。

他记起他所读过的书，应用了书中所提出的原则。第二天，当他从办事处出发时，他向同事们讲述了前一天所遭遇的失败，接着他说："等着瞧吧！今天我将再次拜访那些顾客，我将售出比你们售出的总和还要多的保险单。"

果然，亚兰做到了这一点。他回到那个街区，又拜访了前一天同他谈过话的每一个人，结果售出了66张新的事故保险单。

啊！这确是一个不平常的成就，而这个成就是由厄运造成的。起初亚兰在风雪中穿街过巷，跋涉了八个小时，却没有卖出一张保险单。可是亚兰能够把头一天我们大多数人在失败的情况下所感觉到的消极不满在第二天就转化成励志性的不满，并且取得了成功。亚兰真的成了这个公司的最佳销售员，并被提升为销售经理。

瞧，这就是积极心态的力量。但大多数人总是盼望成功会以某种神秘莫测的方式不期而至，可是我们并不具有这样的条件，即使我们确实具有这些条件，我们也许会看不见它们，因为太明显的东西往往会被人视而不见。然而，当你具备了一种良好的心态，你看到的就永远都是充满希望和美好的东西。

皮克·菲尔在《气场》一书中也曾提到过，改变命运的并不是环境，而是人的心态。哈佛大学几年前做过相关研究，也证实了这一点：态度比聪明才智、教育、特殊才能和机遇都重要。人生中有85%的成功都取决于态度，只有15%取决于能力。总而言之，态度左右着气场，决定了成败。

上天对我们每个人都赋予了无穷的才华去施展，关键看我们怎样去做。假如我们改变不了人生，那就改变人生观吧！改变不了环境，就改变心态吧！这是你应该做的，也是能够做的！

# 是谁改变了查理·华德的命运

查理·华德出生在一个贫苦的家庭。他在读小学的时候，就已经开始在外面打零工来接济家庭了。高中毕业后，查理离开了家，成为流动工人大军中的一员。那些日子，查理整天与"边缘人物"混在一起，打架斗殴、赌博，他周围的同伴不是冒险者，就是走私犯和盗窃犯。后来，查理加入了墨本哥潘穹·维拉的武力组织。他时常在赌博中赢得大把的钱，然后又输得精光。最后，他因为走私麻醉药物被警察逮捕，最终受审判刑。在刚刚进入莱文沃斯监狱服刑期间，查理遭受了不少磨难，他声言任何监狱都无法把他关住，他一定会找机会越狱。

然而，就在这个时候，查理的内心突然发生了变化。他仿佛听见了不服和越狱之外的一种声音：停止敌对行动，成为监狱中最好的囚犯。这个声音指引着查理，让他感觉整个人生都在朝着对他最有利的方向行驶。于是，查理·华德改变了自己的想法，他开始学会掌控自己的命运了。查理不再憎恨给他判刑的法官，也不再好打好斗。他决心要避免将来重犯这样的罪恶。查理每天环视四周，寻找各种方法让自己过得快乐一点。他的行为和转变，得到了狱吏们的好感。

一天，有个狱吏告诉他，因为一个原来在电力厂工作的受优待的囚犯马上要获释了，他们要让查理去担任这个职务。查理对电了解甚少，但他到监狱图书馆借了不少书籍，在那位懂得电学的囚犯的帮助下，查理很快掌握了这门知识。查理在狱中工作表现突出，他的言谈举止和态度都给监狱长留下了不错的印象。查理继续用积极的心态从事学习和工作，最后成了监狱电力厂的主管，领导100多人。他鼓励每个人都将自己的境遇改进到最佳地步。

后来，布朗比基罗公司经理比基罗因为被控犯了逃税罪，进入了莱文沃斯监狱。查理·华德对他十分友好，比基罗先生对此也很感激。在比基罗刑期行将满时，他对查理说："谢谢你对我如此亲切。等你出狱后，请到圣保罗市来找我，我会给你安排一份工作。"

查理获释出狱后，去了圣保罗市。比基罗先生如约给查理安排了工作。等到比基罗先生去世时，查理成了公司的董事长。在查理的管理下，布朗比基罗公司每年的销售额由不足300万美元上升到5000万美元以上，成了同类企业中的佼佼者。

假如查理·华德在被判刑入狱后，一直按照过去的方式对待生活，没有人知道他的结局会怎样？令人欣慰的是，他转变了消极的心态，乐观地、积极地去认识自己的问题，解决自己的问题。这种心态上的扭转，让他的气场也从根本上发生了转变，他不再暴躁、狂怒，不再惹人厌烦，而是恢复了平静的心情，尽最大的努力帮助那些不幸的人，他的头上就像戴着一顶叫作"悔悟"、"善良"或是"积极"的光环，让人们不由自主地注意到他，并对他产生好感。而查理本人也凭借着这种气场，吸引到了人生中最有价值的东西。

积极的心态，本身就是一种独特的气场，可以说它是由内而发的一种不可抵抗的气势。积极的心态是一种对任何人、任何情况或环境所持有的正确的、诚恳的思想和行为。换句话说，它能够帮助你拓展欲望，给你实现欲望的精神力量，以及强大的自信心。在面对各种挑战和艰难的时候，有了这种气场，你就会想到并展现出一副"我一定能够……我绝对会……"的强大气势。积极的心态是获得成功的必备要素，它是让你的大脑预备成功的先决条件。实际上，从你现在的思维模式上，就能够预测到你将来是否会成功。为什么这样说呢？因为"成功"并非是达到一个怎样的结果，而是说如何让你的生活过得更有意义、更有效率。面对困难，你能够很好地把控自己，有条不紊地主动去解决问题，你的心态是积极的，没有被现实的巨石压倒，你就是成功的。

在生活或工作中，你完全可以运用这种心态，给自己制造出一股强大的气场。把你内心的思想和言谈都引领到努力奋斗的念头上去，你就会打开积极的思路。然后，你自己，包括你周围所有的人都会发现，你的行动变得积极了。相反，假如运用得不好，让消极的气场占据了上风，那么你会认为什么事情都很糟糕，你会在不知不觉中给自己制造不愉快的环境。当你产生了厄运降临的念头时，那么你就会做出一些起消极作用的事，让你变成名副其实的预言家。

假如此刻的你不相信甚至排斥积极心态的力量，那么很可惜，你并没有真正了解积极心态力量的本质。真正有积极气场的人，从来不会否定消极因素的存在，只是他从来不让自己沉溺在其中罢了。曾经读过这样一个故事，现在拿出来与大家分享：

一位太太请了个油漆工，给家里的房子粉刷墙壁。

油漆工刚一进门，就看到男主人双目失明，他顿时流露出怜悯的目光。然而，男主人却非常乐观，每天都和油漆工说说笑笑，油漆工在他家里工作了几天，两人聊得很投机。油漆工也从来没有提起男主人的缺憾。

干完活之后，油漆工取出账单。那位太太发现，油漆工给她打了折扣，比当时谈妥的价钱少了很多。那位太太问油漆工："这个价钱怎么少了这么多呢？"

油漆工笑着说："我和您的先生在一起聊天觉得很开心，他对人生的态度感染了我，让我觉得自己的境况还不算最坏。所以，减去的那一部分就算是我对他的谢意。因为，他让我不会把工作看得太苦。"

看到油漆工对自己先生的推崇，那位太太流下了眼泪。因为这位慷慨的油漆工，他自己本身也是个残疾人，他只有一只手！

男主人乐观的气场感染了油漆工，让这个身体残疾意志坚定的人，也找到了生活和工作的意义，并将自己的乐观和慷慨回馈给男主人一家。可见，积极的气场有多么大的影响力。事物本身都有两面性，"好事"也可以说是"坏事"，"幸事"也可以说是"倒霉事"。到底如何看待，一般都取决于个人的习惯和心态。可以说，生活就如同一面镜子，当你对它微笑时，它也会对你微笑。

# 每个人都生活在不断修炼中

古时候，有个书生进京赶考。到了京城，他入住了一家客栈，不知是路途疲惫还是心中紧张，晚上睡觉时一连做了三个奇怪的梦。第一个梦是他在自己家的墙头上种蔬菜；第二个梦则是自己在下雨天里赶路，戴着斗笠还打着雨伞；第三个梦是和自己心仪的姑娘躺在一起，可他们却是背靠着背，看不到对方的脸。

这三个梦让书生心里很不安。第二天一早，他就跑到算命先生那里，把自己在梦中的情形统统说了一遍。算命先生听后，叹了口气说："我奉劝你还是回家吧！这三个梦皆是不祥之兆。你想想看，墙上怎么能够种菜呢？这就是白费劲啊！而你在雨中行走，既然戴着斗笠，为何还要打伞呢？这就是多此一举啊！再说，你和自己心仪的姑娘躺在一张床上，背靠着背，这就是没希望啊！"书生一听，心里凉了一大截。

回到客栈，书生就开始收拾包袱，准备回家。客栈老板无意中看到了他的举动，觉得很奇怪，便问："再过几天就要考试了，你为何要走呢？"书生又将自己的梦告诉了客栈老板。老板听后哈哈大笑，说："你的梦是吉祥之兆啊！在墙上种菜，摆明了就是'高种（中）'；戴着斗笠打着伞，双重保护，这就是有备无患；你跟姑娘背靠背躺着，说明你就要翻身了呀！"听到老板的解释，书生顿时舒了一口气。他觉得很有道理，精神也为之一振，积极地应对考试，结果竟然中了状元！

在书生看来，自己能够高中可能是天意，因为他做了那三个奇怪的梦。可在我们看来，不禁觉得有些可笑。假如他当初听了算命先生的话，心灰意懒地回家去了，或是带着"没戏"的情绪去应试，别说是状元，就连个秀才也当不上。幸好店主对他说了另外的一番话，给他吃了一颗定心丸，让他带着"我会高中，我会翻身"的念头去应试，结果真的灵验了。古人相信运道，而今人更多地相信潜意识和心理暗示。书生的高中，实际上就是心态的转变，气场的转变。他从一种消极懈怠的气场，转变成积极洋溢着自信的气场，这种转变就是他最终成功的根本原因。

拿破仑曾经说过一句话："人与人之间只有很小的差异，但是这种很小的差异却可以造成巨大的差异。很小的差异即积极的心态还是消极的心态，巨大的差异就是成功和失败。"事实上，一件事情的结果如何，完全取决于心态如何，气场如何。

那些自认为怀才不遇的人，总是责怪别人不欣赏自己；那些悲观厌世的人，总是责怪社会的黑暗；那些命运多舛的人，总是责怪上天不公。他们总是艳羡别人能够呼风唤雨、如鱼得水，抱怨自己被幸福和好运遗弃。事实上，问题出在哪儿呢？不是命运的问题，更不是社会的问题，一切都是他们主观上的"我不行"的情结问题。他们在潜意识里就已经给自己下了一个"注定会失败"的定义，他们的心态就是消极的，内在的气场也是消极的。一旦外部环境有了点风吹草动，他们马上就把自己当成了受害者。

同样，那些自认为自己有能力做好一切的人，有能力获得幸福和财富的人，他们有着积极的心态，在潜意识里也给自己下了一个"我能做到"的定义。所以，他们的气场就是积极的，然后朝着大环境中那些积极的东西靠拢，最终得偿所愿。

一切，都是心态的问题；一切，都是气场的缘故。

当然，生活中还有一些"意外"会出现。有时候，积极的心态仿佛"失效"了，你总是在意想不到的时候出现了不愉快的想法，尽管你此刻的内心是渴望积极的。别着急，这是因为你认识到了积极心态的作用，但还没有真正地实行这一原则。积极的心态和思想需要不断训练、学习和持之以恒，你必须拿出行动来主动，乐意去实行，这需要经过一段时间才能够见成效。当消极的想法出现时，你要学会把它排除掉，更要在它的位置上换上一个积极的念头和想法。

吉姆下班回到家，忙碌了一天的他实在太累了。晚饭后，吉姆走进浴室，准备冲个热水澡。热水冲在身上的感觉真是太好了，他感到非常舒服。可就在这个时候，吉姆突然有些不高兴，他想到了昨天和同事詹姆斯因为工作计划争执的事情。想了一会儿之后，吉姆拿出了自己的"情绪吸尘器"，把与工作、同事、上司有关的事情统统都排除掉了。他知道，这会儿根本无法解决这些问题，他能做的就是把澡洗得痛痛快快。

"情绪吸尘器"，你也可以试着这样做。这样做你会尝到好处，你头脑里浮现出的愉快景象就会让你的心情顿时变得舒畅。假如，不久之后那些令人沮丧的事情又跑来打扰你，那么赶紧再来"除尘"，再去想美好的事物。这就是有意识地行动，就是有意识地在帮助自己改变心态。可以想象得到：那个昨天还跟詹姆斯因为工作计划争执得面红耳赤的吉姆，第二天早上出现在公司的时候，并不是沮丧颓废的，他还是那么的精神，那么的阳光。积极的心态帮助他保持积极的气场，保持他在人们心中那个好的形象。

其实，除了吉姆的"情绪吸尘器"，还有很多类似的方法，比如改变自己的思考习惯。有位高尔夫球手，每次去球场练球他都认为是"训练肌肉记忆力"。当他上场时，总是重复练习同一个动作，直到他的肌肉可以"记住"动作的规律。实际上，我们的思考习惯也能够做到这一点。这就需要平日里重复训练思维习惯，每次遇到麻烦的时候，都先去想积极的解决办法，而不是消极的抱怨，慢慢地我们的大脑就被训练成积极思考的模式了。

总而言之，你可以决定自己头脑中想的东西，你能够控制你的思想。积极的思想只有在你相信它的情况下才会具有魔力，你必须将信心和思想过程结合起来才能够让它发挥作用。当你发现积极思想无效的时候，是因为你还缺乏信心，你还有怀疑和忧郁，你的气场还不够坚定。这个时候，一定要把消极泄气的念头清除掉，清除干净，这样你就能够变得愉快，觉得痛快。情绪高涨了，气场自然也就不同了。

# 学会打败你心里的魔鬼

威廉·奥斯勒在学生时代时，总是对生活充满忧虑，不管做什么事情都要瞻前顾后，一副畏首畏尾的样子。

一次偶然的机会，他读了汤姆士·卡莱里的一本书，书中有这样一句话："最重要的就是不要用过去的阴影看远方模糊的未来，而要毫不犹豫地做手边清楚的事。"这句话感染了威廉·奥斯勒，他决心要改变自己，不再怯懦胆小。

威廉·奥斯勒变得敢拼敢闯，做事果断坚决了。这种习惯让他成了一位有名的医学家，并创建了闻名世界的约翰·霍普金斯医学院，成为牛津大学医学院的钦定讲座教授——这是英国学医的人所得到的最高荣誉，他还被英国国王加封为爵士。

威廉·奥斯勒对于自己做事的习惯这样解释道："用铁门把过去和未来隔断，在完全独立的今天用百倍的勇气做自己想做的事。"就是这句话，又影响了他所有的学生和成千上万的英国青年。

恐惧，是一种胆小怕事的心态，它就像个左右人心智的魔鬼，让人做事畏首畏尾，在人前显示出一副无能的样子。这种人的气场是微弱的，甚至是消极的，就算有机会摆在他面前，他也会拱手让人。这可能是因为他过去遭受过失意和打击，对自己和前途缺乏自信，不敢为自己的未来付出行动，总是在考虑行动的结果，消极地面对眼前的事实，终日处在忧虑之中。从前的威廉·奥斯勒就是这样一类人，不过幸好他找到了那把开启心灵的钥匙，找到了改变气场和命运的出口。

事实上，这个世界上并没有那么多值得担忧的事情。就算你对一件事情产生了忧虑，你也不该总是去想最坏的结果，因为忧虑的事情可能会出现，也可能不会出现，只有这两种可能。当它发生了，那就去积极地解决，想得再多也无济于事，反倒是给自己上了枷锁。久而久之，就会影响你的心态，让你对一切事物都忧心忡忡。若是真的养成了这样的习惯，你就只能白白地消耗时间和精力，整个人的气场也会沉浸在一片忧郁之中，没有任何生气和活力，甚至会招人反感。

恐惧，多数情况下都是心理作用。不过，它也的确存在，而且会抹杀你的潜能，削弱你的气场。相信在你感到恐惧，并将这种恐惧的感受告诉他人的时候，你的亲人朋友一定会对你说："哦，不要怕，那都是你的幻想，没有什么可怕的！"这种安慰可能会暂时消除你的恐惧，但它却没有持久的"药效"，因为你的心态没有转变，你没有建立信心，消除恐惧。

古印度莫卧儿皇帝一生中经历过许多次困难与失败。有一次，他不得不在一个马槽里躲避敌军的搜捕。作为一国之统帅，躲在马槽里，这让他又沮丧又愤怒，甚至忍不住要冲出去放弃自己的生命。

就在这时，他突然发现马槽里有只蚂蚁在艰难地拖着一颗玉米粒，试着爬过一道看起来根本不可能过去的坎儿……已经是第六次了，蚂蚁从坎儿上翻滚下来，但蚂蚁并不畏惧这个巨大的困难，它又一次拖起玉米粒爬了上去，终于它成功地翻了过去。

莫卧儿皇帝从中受到了巨大的鼓舞，脱险后他再一次召集军队，不屈不挠地与敌人斗争，最后建立了一个富有、强大的帝国。

当莫卧儿皇帝的内心不再畏惧失败和艰难，充满自信和希望的时候，他的气场就已经得到了提升。他在战场上展现了一种不屈不挠地韧劲儿，彰显出一股必胜的气势。

积极的心态是看不见的法宝，它能够发出惊人的力量，让你克服恐惧，克服万难。假如你用积极的心态指挥自己的思想，相信你会成功，你的信心就会使你达到你所制定的目标。假如你因为恐惧而消极了，满脑子都是恐惧和失败，那么你的结果也就是这些了。

维塔是个年轻的小伙子，在做了一年推销工作之后，他决心要成为公司的最佳推销员，争取推销经理的位子。公司的上一届推销冠军，也就是现在某部门的经理，一周内推销成功90次。这一回，维塔决定挑战极限，实现一周交易100次的目标。

到了那周的星期五晚上，他已经成功地推销了80次，距离目标还有20次。维塔有点消极，也有点害怕，他担心自己会失败。但是，这种沮丧感很快就被打消了。他告诉自己：一定可以达到目标。于是，周六的早上，他又出现在工作岗位上。

直到下午3点钟，他还是没有做成一笔买卖，可他知道交易的可能发生不在于推销员的希望，而在于态度。这个时候，他在内心默念了三遍这句话：我是快乐的，我一定会大有作为。

到了下午6点钟，他进行了3次交易，距离目标只差17次了！这时候，他又对自己说：成功是依靠努力得来的，更是为那些积极而不断努力的人准备的。我一定会大有作为。

到了夜里10点钟，维塔累坏了，可他却很快乐。因为，他完成了20次交易，他达到了目标。他也终于知道，积极的心态能够战胜恐惧，也能够把失败转变为成功。

看到这些依靠积极心态改变人生命运的人，别再担忧害怕了，给自己一点信心和鼓励，打败你内心的那个魔鬼。告诉自己："我是幸运的，我是顺利的，我注定是不平庸的，没有什么可以击倒我。"让这种思维成为惯性，用积极的心态去改变气场。别害怕，任何人都可以做到，只要他想做到！

# 一定要尝试才能知道结果

埃尼斯在美国得克萨斯州的一家电视台销售广告时段。他刚刚做这行不久，却被安排了一个最难的工作，这是电视台的惯例，锻炼新人就要从最难的工作开始。比其他新人更"不幸"的是，埃尼斯要面对的是那些由于种种原因而停止购买广告时段的客户。埃尼斯总是一家客户一家客户地去跑，他几乎找遍了名单上记载的所有的公司，可结果都失败了。埃尼斯太沮丧了，他甚至想到了放弃，可他没这么做。两周过去了，埃尼斯没有完成一笔生意。

一天早上，电视台召开销售会议，经理宣布晚上11点的天气预报时段也公开出售。埃尼斯突然意识到：这段时间在电视播放时间段中，非常有影响力，很多客户都愿意购买这个时段。埃尼斯心想："我就要推销这个时间段，这就是我要做的！"

例会结束后，埃尼斯仔细研究了一下客户联系卡，他发现有一个名叫鲁卡的客户，已经五年没有购买过电视台的广告时段了，而且很多联系过他的销售代表，对他的评价很不好。其中有这样几条："鲁卡痛恨我们的电视台。""鲁卡拒绝和销售代表通电话。""鲁卡简直就是不可理喻。"看到这里，埃尼斯笑了，他想看看这个人究竟有多坏？埃尼斯又想到，假如自己做成了这笔生意，那真是一件令人骄傲的事。于是，埃尼斯决定挑战一下。

在去往鲁卡的工厂的路上，埃尼斯很紧张，但他不停地为自己鼓劲："他以前在我们电视台买过广告时间，我一定可以让他再买一次。""我一定会和他达成协议，我相信，一定会这样的……"

当埃尼斯走到楼梯口的时候，他心里又有些担忧："假如他拒绝了我怎么办？"埃尼斯看着手里的联系卡，呆呆地想了十分钟，他想："也许鲁卡比我想象中更坏。我真是不该来这里，我不该来的。"

"可是，我费了这么大力气，开了一个多小时的车来到这里，难道就是为了胆小得不敢见他吗？不，埃尼斯，你不是个懦夫，去和他谈谈吧！大不了，他会把你扔出去，但他这么做有什么用呢？你又不会失去什么？进去吧……"埃尼斯又开始为自己鼓劲。

最后，埃尼斯打起精神，上了楼，按了鲁卡办公室的门铃。响了几下后，没有人回应。埃尼斯这时候心里有些窃喜："太好了，没有人在。以后，我再也不来这儿了。"突然，埃尼斯看到一个高大的人朝着自己的方向走来，他知道可能是鲁卡，因为卡片上面清楚地写着，他是个异常高大的人。埃尼斯当时的第一个想法就是，掉头离开。可是，来不及了，鲁卡已经发现了他站在门口。

鲁卡穿着一身休闲装，而埃尼斯穿着一套西装。埃尼斯故作平静地和鲁卡打招呼："嗨，您好。我是××电视台的爱德华·埃尼斯。"

"马上离开这里！"鲁卡冲着埃尼斯大声地吼道，他看起来非常生气。

埃尼斯鼓起勇气说："不，等一下。我是这家公司的新职员，我希望您拿出五分钟的时间来帮帮我。"

这时候，鲁卡已经把门打开了，他让埃尼斯跟着他进去。鲁卡坐下后就开始说，电视台对他公司的报道多么的糟糕，销售人员是多么的可恶，他们不守信用，没有做到承诺过的事。埃尼斯认真地听着，然后把联系卡递给鲁卡："您看看这张卡片，上面是他们对您的评价。"

鲁卡看过了卡片，没有再咆哮。过了一会儿，埃尼斯打破了冷场，说道："鲁卡先生，不管过去发生了什么事，不管您怎么看待他们，他们又如何评价您，这些都过去了。现在我想说的是，晚上11点的天气预报广告时段公开销售了，这个时段非常好，假如您购买的话，对您的生意会有很大帮助。我发誓，我会做得很好，请您相信我。"

鲁卡竟然听进去了埃尼斯的话，他说："好吧，希望你不要和他们犯同样的错误。"就这样，埃尼斯做成了这笔生意。当他把订单拿回公司给其他销售代表看的时候，他们都惊讶了，觉得埃尼斯做了一件"根本不可能完成"的事。

当一个人的心态是积极的、是充满自信的，他就萌生了巨大的勇气，会用积极的行为去改变自己的处境。埃尼斯积极的心态战胜了恐惧和担心，帮他克服了怯懦和退缩，他那坚定而充满自信的气场使他赢得了鲁卡的信任，最终让他将订单收入囊中。假如他在犹豫的时候选择掉头离开，或是听到鲁卡大骂电视台和销售代表的时候尴尬得不知所措，那么可想而知，今后很难再做成这笔有挑战性的生意了，甚至他日后也难有什么大作为。因为他的心态是消极的，他是怯懦而害怕挑战的，在没有见到鲁卡的那一刻，他的气场就已经让他败下阵来。

生活中难免会遇到有挑战性的事物，或是一些棘手的问题。假如我们被吓倒了，在气势上短了一截，认定了自己挨不过，那就只有"认命"的份儿了。一个人若是消极处世，气场就会慢慢消失，最终沦为一个不起眼儿的平庸之辈，过着淡而无味的生活。事实上，很多看似强大的、不可战胜的东西，并不如我们想的那么可怕，假如因此而消极，就会失去许多成功的机会。有时候，它们的强大只是源于我们内心的弱小。

电影《风雨哈佛路》讲述了一个催人奋发的故事：生长在纽约的女孩莉斯，没有良好的家庭环境，父母吸毒，周围的人也都是得过且过，仿佛环境注定了他们未来的人生路。她小小年纪就经历了人生中的无数艰辛和辛酸，但她没有丝毫抱怨，也没有就此沉沦。她始终相信，凭借自己的信念和努力可以改变现在的一切。最终，这个贫苦的女孩用乐观的心态和顽强的毅力改写了自己的人生，梦寐以求的哈佛大学向她敞开了双臂，她用自己亲身的经历告诉世人：人生其实可以改变。

我们从来不会被生活打败，我们只会被自己打败，败在自己的心态上。有些事情，我们只有努力去尝试，努力去做，才有可能变为现实。假如连试一下的勇气都没有，始终抱着"我不行"的态度，那又谈什么成功呢？一个没有勇气和魄力的人，注定是生活中的失败者；一个没有自信、消极处世的人，注定无法散发出吸引人的磁场。

# 第六章
# 气场的强大感染力

　　意志力是在这个世界上获得成功的主要源泉，它在很大程度上决定了一个人气场的大小、强弱和正负。很多才华非凡的人，最终一事无成，甚至轻易地就被困难打败了，或是迷失了方向，只是因为缺乏意志力，在该坚持的时候选择了放弃。要想提升你的气场，首先就要提高意志力，只有强大的意志力才能为你赢得更多的人生财富和幸福。

# 寻找成为伟人的秘密

在世界科学史上，居里夫人是一个永远不会被人忘记的名字。居里夫人出生在波兰华沙，原名玛丽亚·斯克沃多夫斯卡，是五个姐妹中最小的一个。她的童年生活十分不幸，妈妈得了很严重的传染病。后来，妈妈和姐姐们都相继去世了，在这样的情况下，玛丽亚学习十分刻苦，从小学开始，她每门功课都名列前茅。接下来，她又以获得金奖章的优异成绩从中学毕业。1902年的时候，她和丈夫用了三年零九个月的时间从成吨的矿渣中提炼出了0.1克镭。这项成就震惊了世界，随后，他们获得了诺贝尔奖。几年后，丈夫逝世了，在经历了人生的重重打击之后，居里夫人仍然不放弃学习，继续自己的研究，并于1911年，第二次获得了诺贝尔奖。

意志创造了人，同时它也在控制人。海明威在《永别了，武器》这本有关第一次世界大战的小说中写道："世界击倒每一个人，之后，许多人在心碎之处坚强起来。"在遇到挫折打击时能够爬起来前行，在面对重压时依旧傲然挺立，不放弃自己的理想，坚定自己的方向，这就是意志力对人所起的积极效用。意志力是在这个世界上获得成功的唯一源泉，它在很大程度上决定了一个人气场的大小、强弱和正负。我们看到很多才华非凡的人，最终一事无成，甚至轻易地就被困难打败了，或是迷失了方向，这就是缺乏意志力，在该坚持的时候选择了放弃。所以，想要提升你的气场，就必须提高意志力，而且它还能够为你赢得更多的人生财富和幸福。

历史学家曾说："美国的救世主是林肯，没有林肯美国很可能会因为种族不平等而解体。"然而，这位拯救美国开国以来最危险局面的伟人，却是个出身贫寒，历经了无数坎坷，无论是在家庭、事业还是政治方面，都屡遭打击的人。

林肯在成为总统之前，根本交不出一张可以炫耀的履历表：7岁时，家里没有房子，他被迫出去打工；9岁时，母亲去世；22岁时，与人合伙做生意，三年后同伴死去，留下他一个人还欠债多年；26岁时恋爱了，但爱人因心绞痛去世；28岁时，向另一位女子求婚遭到拒绝；37岁时，第三次参选才选上国会议员；39岁时，参选国会议员连任失败；1849年，40岁时，他想在自己州内担任土地局局长，遭到拒绝；41岁时，他失去自己4岁的爱子；45岁时，竞选参议员失败；47岁时，争取副总统提名失败；49岁时，竞选参议员失败；51岁，成为美国总统。林肯坚信自己一定会成功，即便是屡战屡败，他也从未怀疑过自己，他拥有无比的自信和超强的意志力。在他看来，暂时的失败不过是命运的考验，绝不是彻底的拒绝。所以，他取得了不凡的成就。换个角度来说，假如林肯在第一次失败时，就不再尝试做生意；假如他在第一次落选州议员的时候，就决定永远不再从政；假如他在遭遇了爱人的离世后，就决定不再爱……那么，历史上还会有林肯这个人吗？

生活中的打击都是插曲，那些失败也不意味着成功就此终结。当你因为失败而丧失了自信和意志力之后，你就会认为自己不适合做那些事情，转而想要过得安稳和踏实一点，你就会向人生的困难低头。这个时候，你的气场就变小了、变弱了，并一点点地朝着负方向倾斜。气场与意志力有很大的关联，这就如同一个人需要灵魂，宇宙需要最核心的动力一样。你必须始终保持强大的意志力，不管做什么事情都要督促自己谨慎而坚持。一天也不要松懈，除非你想要放弃某些欲望，彻底地放纵自己。这个世界上，有太多伟人的伟大业绩，以及他们巨大的影响力，都是依靠着意志力实现的。

日本松下电器公司的创始人松下幸之助，曾经只是一个读过四年书、家中一贫如洗、体质虚弱的穷孩子。他饱尝了人间的辛酸，但他从不愤世嫉俗，也从不向命运妥协，在人生的"大学"里积累经验，建立了自己的"松下哲学"。在他24岁那年，他用仅有的积蓄创办了松下电器公司。最终，他又凭借执着的信念、诚实的品格、缜密的经营方略，把这家小公司建造成了庞大的"松下帝国"！

还有俄国诗人罗蒙诺索夫，原来只是一个捕鱼的青年，求学时一个拉丁字母也不识，被人讥为"大傻瓜"，连老师也看不起他、羞辱他。但他的意志力非常顽强，在这样的处境下他积极上进，最终成了一位大学者，并创立了俄国第一所大学，被人誉为俄国科学史上的"彼得大帝"。

很多伟人在成就大的事业之前，也都是普普通通的人，只是他们的意志力更强一些。事实上，我们每个人都有意志力，它就潜藏在我们的身体之中。当它爆发的时候，我们无往而不胜；当它沉默的时候，我们一事无成，只能够叹息命运不佳。想成为伟人，那就试着引爆你的意志力吧，它对一个人的价值是不可估量的。

# 你能坚持多久呢

在20世纪的印度，人们尊崇一位精神导师，他向人们提供精神的力量和东方的智慧，他用生命换来了别人的生存，这个人就是甘地。

甘地生前，曾经进行过无数次的绝食斗争，他的非暴力哲学让英国人不得不离开印度。为了达到和平抗争的目的，甘地决心过苦行僧一般的生活，他用绝食的方式来制止暴乱和杀戮，他支持工人罢工，反对一切苛刻的雇用条件。甘地从不畏惧英国人，但他却畏惧黑暗，他睡觉的床边总是灯光长明，他对印度人民的联合与统一充满了信心和热情。

甘地担负起了把独立的要求转变成全国性群众运动的职责，动员所有人与帝国主义展开斗争。甘地一生始终坚信一点：被动反抗和非暴力不合作，在任何时候、任何情况下都是有效的。他的精神是充满智慧的、是坚忍不拔的、是充满同情心和活力的，他的智慧就是印度人民最强大的精神武器。

在多数人看来，一个人是否有力量，全在于他的性格和手段。那些性格温和而从不采用暴力的人，有时会被人视为懦夫。然而，甘地却改变了人们对力量的看法，他以温和和非暴力著称，始终坚持自己的信念，这种强大的意志力萌发出的气场，让他成了印度最有影响力的领袖。

意志力的强弱，决定了一个人此生成就的大小。怎样才算得上意志力强大呢？关键在于坚持。有句话说："九十九次的失败，到第一百次获得成功，这就叫作坚持，坚持在于不间断地努力。"善于坚持的人总能锻造出一股强大的感染力，也许你会无视一滴落在地面上的水，但若你看到它能够把坚石滴穿的时候，你怎么可能仍旧无动于衷呢？你肯定会信服，但你不一定能够像它那样。这就是为何有些人的气场能够影响周围的人，乃至更多的人，而有些人却注定平庸一辈子，碌碌无为。

也许你会对我说："我一直都想成功，也试过了很多次，但一直都没有好的结果。"很多次是多少次？上百次、几十次，还是只有几次？成功原本就不是随随便便可以得到的，就像伏尔泰说的那样，想要获得成功就必须坚持到底，剑到死时不离手。听到了吗？剑到死时不离手！这是一种什么样的意志，是多么宏大的气场，你距离它还有多远？

很多时候，不要抱怨成功太艰难、路途太坎坷，你需要的是增强你的意志力，还有你的恒心。坚持不懈意味着有决心，当我们感到精疲力竭的时候，放弃是最简单的，也是看起来最好的选择，然而成功者在此时却忍住了。他们的意志力是普通人难以想象的，甚至为了成功，他们可以选择"一生只做一件事"。

王文京是一家软件股份有限公司的董事，他用自己的行动阐释了"坚持就是胜利"的道理。王文京从前也是一介穷书生，但他仅用了十几年的时间就拥有了高达数十亿元的个人资产，他一手缔造的财务方面的软件成了中国财务软件的佼佼者。每次说到自己的成功，王文京总是这样说："一生只做一件事。专注，坚持。"他说，"经营企业和做很多事情一样，总要把最基本的东西做好，一次两次不够，贵在坚持。不论现在的起点是高还是低，规模是大还是小，重要的是要去做。每个企业都是从小发展起来的，认准了方向，把握机会，坚持下去，就一定能有大作为。"正是依靠着这种踏实专注、坚持努力的态度，王文京才使得他开发的软件一直跳跃在浪尖上。

王文京如是，法国有位警官也是如此。

法国马赛有一名警官，为了追捕一名奸杀女童的罪犯，他查了十几米高的档案，走遍了四大洲，打了30多万次电话，调查范围达80多万平方公里。这些年，他把所有的精力都放在追捕罪犯上，即便两任妻子都和他离了婚，他也没有放弃。历经了五十二年的追捕，他终于将罪犯绳之以法。当他用手铐铐住凶手的时候，他已经是73岁的老人了。

有人问他，为了追捕罪犯舍弃了家庭，到底值不值得？他说："一个人一生只要坚持干好一件事，这辈子就没白活。"

看到这里，你我都不得不佩服王文京，崇拜法国马赛的这位警官吧。即便我们无缘和他们会面，单只是听到他们的故事，都已经能够感受到他们身上那种坚韧和顽强的气场了。很多时候，我们做得不够好，只因为我们少了一分意志力和一分坚持。

每一种成功的背后，都有不为人知的心酸，但每一种成功也都有个共同的秘诀，那就是坚持。有人曾经问过小提琴大师弗里兹·克莱斯勒，为何他能演奏得如此好，是不是运气好？弗里兹·克莱斯勒回答："这一切都是练习的结果。假如我一个月没有练习，观众可以听出差别；假如我一周没有练习，我的妻子可以听出差别；假如我一天没有练习，我自己能够听出差别。"

想让自己像弗里兹·克莱斯勒一样，用自身的实力和魅力感染更多的人吗？那就坚持做好你该做的事吧！气场的提升原本就是一个综合提升的过程。

当你处于人生低谷的时候，你要时刻提醒自己你所留意的、你想要的；更要告诫自己，这些问题不会一直纠缠着你，无论境遇多么艰难，都不能够让生命陷入其中。坚持不懈地去努力，就像你从未遇到失败一样。凭借毅力和弹性去追求自己期望的目标，必然可以得到你想要的，最可怕的就是在中途放弃，那你便会一无所有。

这些道理谁都明白，但却只有少数人很快拿出了行动。所以，就从今天开始吧，拿出必要的行动，哪怕只是一小步。你渴望提升意志力和气场，那你就该先行一步！

# 在隐忍中静待花开

等待与机会同在，这是拿破仑信奉的一句格言。

拿破仑在担任革命军小队长的时候，就等待着崭露头角的机会。在等待中，他利用各种机会，渐渐掌握了法国军事和政治实权，并且运用各种外交手段，以保证法国独立。至此，拿破仑成了法国人民心中的英雄。后来，拿破仑登基为皇帝，让法国成了欧洲的霸主。

从表面上看，拿破仑是一个战绩辉煌的人物，可实际上，他是经历了无数次的失败和挫折，以坚强的意志力和巨大的勇气，才取得了最后的成功，这种成功就是"等待后的成功"。

在征服了全欧洲之后，拿破仑说了这样一句话："庄严与滑稽之间只有一步之隔，等待与机会之间只有一步之邻。"

他是想告诉世人：虽然自己吃了败仗之后，狼狈地逃走看起来十分的滑稽。但是不久之后，自己必然会庄严地扳回面子。

善于等待的人通常都散发着一种超凡的气场，他们做事从不会毛毛躁躁，也不会冲动，可能有人觉得他是无所作为、贪图安逸，然而他却总是在最关键的时刻抓住时机，做出惊人的举动，敲开成功的门。就像拿破仑一样，失败的时候仓皇而逃，任人讥笑，可谁也不知道他在那一刻暗暗下了决心，在过后的某一天庄严地为自己找回面子，并得到比面子更重要的东西。这听起来很容易懂，可很多人都无法做到这一点，因为他们按捺不住"寂寞"，少了一分耐心，做不到等待。

等待的过程很难受，尤其是在失败中等待。因为此期间，人的内心会脆弱，很容易灰心。不少人在失败后也选择了等待，但他们的等待就是听天由命，或是等着天上掉下一个馅饼砸在自己的头上。此时，这个人的气场已经随着上一次的失败消失了，他们愈发显得平庸，甚至还带有一些负面的情绪，让气场也成了负的。而那些真正伟大的人，他们的气场由内而发，不会因为外在的环境和一两次的失败而被削弱，他们选择的等待，是有计划和目标的，是怀抱着信心和希望的，他们是在等待中向着自己的目标不断地前进。这是一种意志，坚韧的意志。

凭着一种韧性，他二十年来潜心做了一件事，终于让五湖四海的人们几乎在一夜之间承认了他。他就是轰动网络的历史小说《明朝那些事儿》的作者，石悦。

成名之前，石悦是一个再普通不过的人：出生在平凡百姓家，性格偏内向；上学以后成绩一直都是不好也不坏，没有任何特长，一直被老师、同学视为资质平庸、未来平平的男孩。

石悦唯一与众不同的，就是对历史的痴迷。还在上小学时，当别的男孩子整天拿着变形金刚、玩具手枪玩得不亦乐乎的时候，石悦却对历史故事情有独钟。一套《上下五千年》，是他童年、少年时形影相随的"好伙伴"。进入大学，许多同学谈恋爱、玩网游，而石悦仍然将自己的课余时间全都交给了史书。只要一有空，他就会一头扎进图书馆，如饥似渴地阅读着一本又一本厚厚的历史书。

大学毕业后，他依旧躲进史书中与各朝各代的汗青人物交友为伴。石悦成了众人眼中的另类，甚至被大家认为有点孤僻。

在实际生活中，他不抽烟不喝酒、不打麻将不泡吧，也不爱交朋友，一点都不像80后的年轻人。下班后，基本上没有任何休闲活动与社交应酬，常常将自己关在狭小的房间里，独自沉浸在那些刀光剑影、富贵浮云的汗青往事中，或者奋笔疾书地记录着一些有趣的汗青故事。

直至有一天，一个题目叫《明朝那些事儿》的历史小说帖子，在天涯论坛、新浪网站风起云涌，深受网友追捧，每月的阅读点击率超过百万次。当很多出版商赶赴石悦的单位争相要和他签订出版合约时，大家方才发觉这个平时毫不起眼儿、有点木讷内向的青年就是目前网络中鼎鼎大名的当红笔者"当年明月"。

后来，有媒体记者向石悦讨取成功经验时，他调侃地说道："比我有才华的人，没有我努力；比我努力的人，没有我有才华；既比我有才华，又比我努力的人，没有我能熬！"

"熬"，就是一种等待。可想而知，在默默无闻创作的过程中，要经历多少煎熬、多少犹豫、多少忍耐。石悦在写作的过程中，是否想过要放弃，我们无从知晓。我们所能够知道的就是，即便他有过沮丧和想要放弃的念头，他也忍住了，继续向着自己的目标努力。忍耐和等待的确是痛苦的，但它却是锻造意志力最有效的途径。记得有人曾经说过这样一句话："在你心中的庭院，培植一棵忍耐的树，虽然它的根很苦，但是果实一定是甜的。"

对于所有成大事的人来说，问题的关键并不在于能力的局限，而在于等待成功的意志力是否坚决。能力是取得成功必须的条件，但并非是必要的条件。我们不妨回顾一下那些受人瞩目的气场强大的成功者们，在提及成功秘诀的时候，他们很少说起"能力"，说的最多的都是那些给予能力本身的启动力、渗透力、持续力等力量。促使他们成功的，不是只有能力，还有努力和忍耐。每个人的潜力都是无限的，能力可以培养和锻炼，但是引爆潜能的前提依然是需要强大的意志力。当具备了强大的意志力，成功的信念，善于努力和忍耐，那么你就可以得到最后的胜利。

等待成功的过程，不要心灰意懒，让失败和困难削弱了你的气场。事实上，人生的难关有很多，每个人都必须得经历，这也是上天最公平的安排。但是，至于成功与否，你在历经挫败后还能否保持强大的、无畏的气场，那就要看你的意志力了。能够突破难关，那你就是英雄，不能够突破，那你就要从成功的棋盘中出局。还是那句话，当你的气场是强大的，思想是积极的，意志力是顽强的，那么你就会朝着突破困难的方向努力，得到好的结果；相反，你在气场上矮了半截，被困难吓倒了，那你就输了。

　　做个气场坚定而强大的人，就必须学会等待成功、处变不惊。若是总想着一下子冲进成功的怀抱，过于浮躁，多半会让自己彻底心灰意懒。锻造感染力的前提是你自身必须足够强大，让自己变得强大的秘诀，就是学会等待，消除灰心，克服万难。

# 有种修养叫作"忍"

美国南北战争中盖茨堡战役爆发后第三天，全国各地洪水泛滥。南方军总司令李将军带着部队向南撤退。在波特兰边界，他们发现前方的桥梁被洪水淹没，后面还有乘胜追击的北方军队，李将军非常绝望。然而，林肯得知这一情况后却很高兴。他认为这正是消灭南方军的大好时机，他下令让梅德将军马上进攻李将军的军队。

梅德将军在接到命令以后，并未听从林肯的命令，而是召开了一个战前会议，拖延时间不去进攻。时间一拖延，河水自然就退去了，李将军乘机逃回波特兰。

林肯非常气愤，大骂梅德将军："你都做了些什么！我真不知道我怎么说或怎么做，你才能按我的意思去做呀！在那个情况下，任何一个将军都能打败李将军的，若是当时我在场，我一定会亲手用鞭子抽他。"

林肯在悲愤之余，给梅德将军写了一封措辞严厉的信：

"我敬爱的将军：我想李将军的脱逃带来的不幸，对你而言是不重要的。假如你当时按照我的命令把他们给包围起来，李将军和他的部队早就成了瓮中之鳖，再加上前一阵子我们所打的胜仗，我想这场战争就算是结束了。然而从现在的形势来分析的话，我想战争还会再延续。对那一天的情况，你只要用三分之一的力量就可以轻易地拿下他们，而你却不能如期完成，那么当你在靠近南方且更加恶劣的状况下，你又怎么能够完成我所交给的任务呢？你还指望我相信胜算如往昔一样吗？你的大好机会已经失去，而我对此感到十分痛心和遗憾。"

林肯的这封严厉的信会使梅德将军感到震惊和懊悔吗？

不会。因为梅德将军从来都没有看到这封信。林肯压根儿就没把它寄出去。

林肯是美国历史上一位被人们当作圣人崇拜的领袖，在美国历史上不可胜数的伟人中，林肯的形象和气场永远都是高踞于他人之上。这一切，都源于他高尚的品德和自身的修养，这种气场锻造出的感染力无与伦比，所以他能够成为全美国人的骄傲，以及他们的朋友和完全可以信赖的领袖。仅仅从他对待梅德将军的这件事中，我们就不得不承认，林肯的意志力很顽强，至少作为总统的他在下属违背命令的时候，能够忍住自己的一腔怒气，把那封措辞严厉的信永远留给了自己。

不可否认，任何人都有自尊心和好胜心，然而为何有人散发出的气场是吸引人的，让人感觉舒服，认定他是个有风度、有雅量的人，而有些人却给人一种斤斤计较的小家子气呢？说白了，就是后者在一些非原则性的问题上太过于较真，即便是不得理也不会忍让，为了面子非要说上点什么，好像不说话忍着就是输了。其实，这样做反倒是输了。

或许在表面上咄咄逼人，气势很强，看起来蛮"威风"，可实际上真正内在的气场却没了。那些有影响力、令人佩服和敬仰的人，从来不会与人争论得面红耳赤，他们总是用简短而干练的语言说明自己的观点，始终如一地坚定自己的信念，即便对方恶言出口，他们也不会以牙还牙，而是控制自己的情绪和心态，显示出自己深厚的修养和坦荡的胸襟。这样的人，怎能不令人佩服呢？换句话说，当他们这样做的时候，那个口无遮拦的人，也往往会甘拜下风，因为他被对方的气场震慑住了。仔细想想，是不是这样？

人的一生当中会遇到很多问题，假如你能忍一忍，并学会控制自己的情绪和心态，以后即使碰到大的问题，自然也就能忍受，也自然能忍到最好的时机再把问题解决，这样才能成就大事业！

忍可以顶得住任何砖石的磨砺，可以经得起任何风雨的冲击。有句话说："事不三思终有悔，人能百忍自无忧。"我们该学会在忍耐中等待，在忍让中原谅。不要觉得忍是没骨气的表现，能忍之人并不是"窝囊废"，两者之间有本质的差别。

　　善忍的人，只是在小事上忍让，在非原则性的问题上忍让；在他人犯了无心错误的时候忍让；在自己身处弱势的时候忍让。与此同时，他们也有一身正气，碰到自己公正有理的事情时，坚定信念，据理力争，以正压邪，不丧失自己的人格，这就是本书开篇时所说的那股"浩然之气"，这是一种正面的气场。窝囊的人则不同，他们只是一味地忍让，不管对方是谁，不管遇到什么情况，大事忍，小事忍，没理的时候忍，有理的时候还是忍，这种人的气场是虚弱的，会给人一种扶不起、懦弱无能的感觉。

　　忍耐是一种意志力。人活于世，做人做事若能率性而为，那也就没什么可遗憾的了。可惜，这个世界上有太多不如意的事，有太多我们无法预料的意外，解决这些问题需要的是智慧和耐心，而不是一时的喜恶和脾气。所以，忍耐是一种锻造意志力的品质，一种可贵的、能够体现人格的素养。懂得忍耐的人，才值得他人敬仰和信赖，才能够散发出强大的气场，感染周围的人。与此同时，这种厚积薄发的气势，也会为他们迎来更大的成功。

# 战胜自己的弱点

弗兰克·哈多克是美国新思想运动的代表人物。

1853年，弗兰克出生在纽约沃特镇。他的父母都是卫理公会教派的牧师。1876年，弗兰克从圣劳伦斯大学毕业，起初接受牧师训练，后改行做律师。后来，弗兰克移居到威斯康星州，成立了自己的律师事务所。直到他的父亲在艾奥瓦州的一个城市被暗杀，弗兰克又回到教堂，成为一名真正的牧师。退休之后，弗兰克开始写作和演讲，不停地传播新思想，最终成为一名励志畅销书作家和很有影响力的讲师。

弗兰克认为，意志力是身体的统帅，人的身体是意志力的奴仆。坚强的意志假如成了习惯，就能够让人生到处都充满奇迹。但是，他也说了，意志力需要训练和提升，尤其是要克服那些有害于意志力的弱点。他在自己的经典之作《意志力决定成败》中强调了意志力薄弱的体现，呼吁人们依据道德习惯，摒弃恶习，比如夸张、粗俗的语言、骄傲自满、暴躁、邪恶的想象、放任自己、固执己见、没有立场、自甘堕落，等等。他说："假如不能够去战胜并克服这些弱点，我们就不能随时坚定意志，来做一些让我们的人生具备高尚价值的事。"

意志力是人们控制自己的一个重要武器，我们要坚持去做一件事，和坚决不做一件事，都需要依靠意志力。意志力是帮助潜意识和灵魂成长的导师，它可以让你成为一个优秀而具备高尚魅力的人。当然，让意志力发挥这般神奇力量之前，你必须要先战胜自己的弱点。弗兰克·哈多克说的没错，当一个人沾染了上述的那些陋习后，他的气场一定会变得非常糟糕！当人们靠近他的时候，势必会嗅到他身上那股由内而散发出的令人厌恶的"味道"，可能是傲慢、可能是暴躁，也可能是自甘堕落。

时常会听到有些人抱怨外在的环境多么不济，命运多么不公，这些人消极地对待生活，气场都是负面的。事实上，那些东西并不是导致失败的原因。假如他们进行一下自我反省，查看一下自己的弱点，就会发现，那才是导致自己无法靠近成功的根本原因。因为，弱点稍不留神就可能成为败点。

大家一定还记得莫泊桑的《项链》吧！一个小公务员的妻子，接受了某部长举办的舞会的邀请，因为爱慕虚荣而向好友借了一条项链，并在这次舞会上出尽了风头。但回家之后，她却发现项链丢了。为了赔偿好友的项链，她和丈夫向别人借了一大笔钱，辛苦十年才把债务还清。十年后的一天，她再次遇到那位曾经借给她项链的好友，却意外得知当年自己丢失的项链不过是件赝品。这就是爱慕虚荣酿成的悲剧。

类似于"败给弱点"的情形在现实中比比皆是。楚霸王项羽，一个力拔山兮气盖世的男人，因为刚愎自用，最终败给了自己；千古昏君隋炀帝，性情坏、脾气坏、容易动怒、残暴不仁，这些恶习注定了他的失败；一代奸相严嵩，因为贪鄙而致奸横，成为万人斥骂的罪人；北宋皇帝徽宗赵佶，极尽享乐、浮华侈靡，疏于治国，最终遭遇靖康之难……这些人性的弱点，摧毁了他们的意志力，让他们的气场由强变弱，甚至由正变负。

这个世界上没有完美的人，每个人都或多或少地存在一些人性弱点。问题是，我们常常陷入"当局者迷，旁观者清"的怪圈里，根本意识不到。他们只看到了目标和希望，看到了外在的条件，却忽略了自己的弱点。

苏轼算得上一位修养深厚的文豪，他在经历一段时间的参禅悟道之后，自认为已经得道。苏轼有个非常要好的朋友，那是一位叫作佛印的法师。为了显示自己的禅修功夫和境界，苏轼写了一首诗给佛印法师。诗的最后一句这样写道："八风吹不动，端坐紫金莲。"

佛印看过之后，笑而不语。他在诗上批了两个字：放屁。

苏轼本以为自己的诗会得到佛印的赞赏，没想到佛印竟然羞辱自己。苏轼大发雷霆，随即就乘舟过江，准备找佛印理论。可是，刚刚走到佛印法师的庙门口，苏轼就回去了。因为他看到庙门上贴着一副对联："八风吹不动，一屁过江东。"

与佛印相比，苏轼的气场还是差了那么一点。这并不是说佛印法师是个完人，只不过是对于参禅悟道来说，一切了了，全都放下。而苏轼却难以做到这一点，虽然他是一位艺术境界很高、备受人敬仰的文学大家，却也与常人一样，有着难以克服的人性弱点，那就是爱炫耀、易怒。他未必不知道自己有这些问题，只是他还没能够战胜自己。

人性的弱点，时而显得很可爱，时而又遭人反感，它总是想尽办法欺骗我们，让我们无法看清眼前的事实，看不出简单的本质。人性的弱点，时而会跟我们开开玩笑，让我们虚惊一场，时而又会给我们致命一击，让我们难以站起。想提升自己的意志力，就必须认识自己的弱点，克服弱点，这样才能够不被它牵制。看看那些成功的人，虽然自身也并不完美，但他们通常还是能够克服自己的弱点，至少在关键的时候能够做到这一点，所以他们的气场比别人要强大，他们的人生比别人要辉煌。

弱点不可怕，不能够改变弱点才可怕。弱点不是根深蒂固的，你可以依靠着意志力去剔除它，从而改变自己的命运。想要不被自己打败，那就先从打败自身的弱点开始。当你能够打败自身弱点的时候，你的气场就比过去提升了一大截，因为你打败了世界上最大的敌人，你还有什么不能够做到的呢？

# 做精神上的强者

苟某是一家食品公司的部门经理，在工作期间，一直为公司的发展与员工的利益着想。在他任部门经理期间，所管理的部门没有一个员工离职，因此他在公司的威望很高。当2003年那场非典来临的时候，公司遇到了前所未有的订单危机。订单迅速减少，导致了员工工资的递减，一些员工思想开始涣散。苟某在得知这个消息后，迅速召开了部门会议，一些员工提出了自己的想法，某些人开始想着换工作，某些人开始提出一些改革的措施。苟某将这个问题反映给总部后，得到的却是裁员的通知。

苟某在经过重重考虑后，决定拿出自己的工资用来发放本部门员工的工资。同时，组织自己部门的员工同自己一起去跑业务、拉订单。经过漫长的努力，功夫不负有心人，上海的一家连锁食品店被苟某的这种精神感染，决定将自己的一部分食品的制作订单交给苟某所在的公司完成。

苟某通过自己的以身作则，与部门员工的努力，终于使快要停滞的企业起死回生。总公司在听到这个消息后，也对苟某的精神大加赞赏。

衡量一个人的气场有多强大，关键看他征服他人的力量有多强大。

缺乏自制力的人，总是无法控制住自己的言行举止和情绪，总是随心所欲。这样的人，难以成就大的事业，因为意志不够坚定，太容易因为外在的变化而改变心态，他们的气场是善变的，起初是坚硬而顽强的，但也许下一秒就变得虚华而浮躁了。

当然，也有与他们截然相反的一些人：遭到了公然的冒犯，可他却只是脸色稍稍发白，依然平静地做出回复；遇到了巨大的打击，承受着巨大的痛苦，却依然可以控制自己，表现得像平静的湖面；明明生活得很艰难，甚至毫无希望，却依然默默地努力，从不抱怨谋生的辛苦，也不会告诉世人自己的贫困；被人挑衅时，虽然内中万分不甘，却依然可以控制自己并原谅对方……这就是力量，他们就是精神上的英雄。因为他们可以控制自我，获得自由的精神。

试问：还有什么力量比这更强大？还有什么人的气场比他们更有感染力和震撼力？要锻造你的气场，首先就要学会自制，许多名人也都曾这样劝诫过世人。

詹姆士·博尔顿说："少许草率的词语就会点燃一个家庭、一个邻居或一个国家的怒火，而且这样的事情常常发生。半数的诉讼和战争都是因为言语而引起的。"

英国著名作家赫胥黎说："我希望见到这样的人，他年轻的时候接受过很好的训练，非凡的意志力成为他身体的真正主人，应意志力的要求，他的身体乐意尽其所能去做任何事情。他头脑明智、逻辑清晰，他身体的机能和力量就如同机器一样，根据其精神的命令准备随时接受任何工作，无论是编织蛛丝这样的细活还是铸造铁锚这样的体力活。"

曾经有个间谍，被敌人逮捕后，为了求生装聋作哑。敌人用最灵敏的设备来测试他，但他一直装聋作哑。最后，逮捕他的人说："好了，你可以走了。"这个间谍没有显示出一点点听懂了他的话的迹象。他心里知道，最严酷的考验已经过去了，但丝毫没有表露出来。

那些逮捕他的人说："他要么是装得天衣无缝，要么是个真正的白痴。"这个间谍完美的自制能力救了他的命。

我们中的大多数都是平凡之人，可能没有机会遇到类似的情形去考验自己的自制力。但是，我们在生活中，一样能够去培养和训练这种能力。上帝赋予了我们每个人一股神圣的力量，这股力量足以克服最坏、最糟糕的情绪，足以对抗我们最邪恶的品性。只要我们开发出这种力量，运用起这种力量，我们就会成为一个意志坚定、能够掌控自己的人。

# 收起生活中糟糕的情绪

欧玛尔，英国历史上著名的剑术高手，他有独属于自己的取胜秘诀。

曾经，有个与欧玛尔势均力敌的敌手，他与欧玛尔斗了三十年，仍然不分胜负。在一次决斗中，那位敌手从马上摔了下来，欧玛尔持剑跳到他身上，一秒钟内就可以杀死他。但此时，对手却做了一件出人意料的事——向欧玛尔的脸上吐了一口唾沫。

欧玛尔停住了，对敌手说："我们明天再打！"敌手有点糊涂。

欧玛尔说："三十年来我一直在修炼自己，让自己不带一点儿怒气作战，所以我才能常胜不败。刚才你吐我的瞬间我动了怒气，假如此时我杀死你，我就再也找不到胜利的感觉了。所以，我们只能明天重新开始。"

不过，这场争斗永远也不会开始了。因为那个敌手从此成了欧玛尔的学生。

情绪的感染力就是如此强大，无论是快乐的还是悲伤的，是喜悦的还是愤怒的。欧玛尔的胜利，全在于气场的感染力。他用宽容和忍让控制了愤怒的情绪，这种气场是敌手没有的，所以他甘拜下风，主动认输。

很多人无法获得成功，不能成为有影响力的人，不是因为他们缺少机会，也不是因为资历浅薄，而是他们无法控制自己的情绪，尤其是糟糕的情绪。愤怒的时候，假如遏制不住，就会让周围的气场变得沉重，让合作者们望而却步；消沉的时候，假如放纵自己的萎靡，周围的气场也会随之而变得消极，很多机会都会从指缝中溜走。可以说，失败和困扰不是外界环境导致的，而是我们自己不懂得控制情绪，太过放任了。

由内而发的强大气场，是以良好的心态和意志力作为支撑的。看看那些有修养和教养的、令人瞩目的人物，他们和普通人没什么两样，也会有各种情绪，只是他们善于控制，能够将行动和理智结合起来。那些不懂得控制情绪的人，不仅不能让自己具备良好的感染力，还可能被他人利用，成为一种斗争工具。三国时期的诸葛亮，非常善于通过调控对手的情绪来调动对方、战胜对方。众所周知，周瑜是个气量狭小、不善于控制情绪的人，结果活活地被诸葛亮气死了。

不要让别人的情绪牵动自己，当别人发怒的时候，你不能够随之而怒。要知道那正是你应当平和的时候。芝加哥一家银行董事会会长维特摩亚说："假如某人发怒，我总觉得对于我自己的地位反而有帮助。"假如你想要发怒的时候，便先想想这种爆发会产生什么影响。假如你晓得发怒必定会有损于你自己的利益，那么最好约束你自己。无论这种自制是怎样的吃力。

古时候有个人，每次和人发生争执的时候，都会跑回家绕着自己的房子和土地跑圈，累了就坐下来休息。这个人很勤劳，后来又做了生意，房子越来越大，土地也越来越多。可是，不管房子和土地多大，每次他动怒的时候，都会绕着房子和土地跑上三圈。

周围的人都觉得他很奇怪，但每次问起他跑圈的原因，他都避而不答。

等到他70岁的时候，他的房子和土地已经很大了，可他生气的时候还是会拄着拐杖绕房子和地走三圈。有时候，等他走完了天都已经黑了。

孙子看到爷爷的举动，便恳求他："爷爷，您的岁数大了，别再像以前那样了。我一直想问，您为什么每次一生气都要跑三圈呢？有什么用呢？"

他经不起孙子的恳求，便说出了藏在心中多年的秘密："年轻的时候，我每次和人争吵、生气的时候，都会绕着房和地跑三圈，一边跑一边想，我的房子和土地这么小，哪有时间和资格去与人生气呢？一想到这些，我的气就消了。然后，我就把时间用来努力工作。"

孙子又问了："您现在年纪大了，也已经很富有了，为什么还要绕房和地跑呢？"

他笑着说："现在我还是会生气啊！每次跑圈的时候，我就想，我这么多房子，这么大的土地，何必跟人计较呢？想到这些，我就不生气了。"

　　每个人都会有坏情绪爆发的时候，假如不懂得收起，任由坏情绪蔓延，那么所有人都会对你避而远之。在社会里生存，控制情绪是很重要的一件事。你不必"喜怒不形于色"，让人觉得你阴沉不可捉摸。但情绪的表现绝不能过度，尤其是哭和生气。假如你是个不易控制情绪的人，不如在你觉得控制不住自己的情绪时，赶快离开现场，等情绪平定了再回来。假如一时不方便难以脱身，那就不要再说话，做一做深呼吸。这一招对平复情绪特别有效。

　　当然，这不是说，一个人永远都不可以发怒。发怒也该选对时机，因为愤怒有时候在人生中也有很高的价值，用得好也能帮你提升气场。

　　铁路大王喜尔先生发怒的时候，一切的人都要躲避。他忍受不了那些无能的人，庸碌之徒必须躲开他。对于无能的人，包括懒惰的、无头脑的，特别是不可信任的，他的愤怒时常发出来。这些人在他狂风来临之前都各自赶紧躲避，于是他便安静下来。他对于努力的人，非常温和亲近，他们总遇不着他那愤怒的狂风，总不会听见他说一句粗语。

　　总之，当你发怒的时候记住这个原则：你要做一件有目的的事。不可压制一切行为，因为压迫反而增加紧张，会令人受不了的。你是要做一件事，不过这件事必须要有价值。约束愤怒并不是压迫愤怒，而是把愤怒导引为一种行动，以增进自己的事业。假如你可以恰当地掌握你的情绪，那么你将在别人心目中产生一种"沉稳、令人信赖"的形象，这就是最强大的感染力。

# 第七章
## 靠气场悦服众人的声望

个人声望，是个人魅力的一方面，也是造就统驭力的关键。个人魅力和气场算不上是权力，但它却比权力更胜一筹。假如你渴望自己能够服众，树立领导的威望，那么你的内外气场就该是一致的。只有严格要求自己，在言行上起到表率作用，才有鼓动性和号召力。正所谓：己欲立而立人，己欲达而达人。

# 声望，是一种潜在的价值

最近看《三国演义》，发现一个很重要的问题，为什么那么多的将领愿意跟随刘备？

许多人都不喜欢刘备，说他虚伪；更有人说，不懂如此窝囊的一个人怎么那么多能人愿意跟随他。

刘备以仁义当先，这是他人格中很有魅力的一点。曹操说过，为什么刘备能得到那么多好将领，我却没有这福气呢？曹操多疑，人尽皆知，在一个混乱的战争年代，留在一个多疑的人身边，你永远有种隔着心的感觉。而刘备待人真诚、重感情，这从他待吕布就能看出，换曹操，吕布早死掉几回了。

董卓乱朝纲，挟持天子导致天下诸侯会集讨伐，当所有的诸侯都为争夺地盘与粮草而争执不休时，刘备却带领关羽与张飞在城门外大战吕布。后来，袁术擅自称帝，天子下诏剿贼，曹操正愁没人应诏前来，刘备又来了，令曹操意外。刘备再一次为正义而战。曹操说自己的名言是"宁愿我负天下人，不愿天下人负我"。刘备反其道说"宁愿天下人负我，我不负天下人"。两人的心思可见一斑。

刘备的声望也是在一次次的正义之举中得到了声张与提升。当时天下虽乱，但生活在底层的劳苦人民还是盼着仁义、信道德，刘备恰恰这一点符合很多人的理想。一个人，愿意行仁义，为天下百姓请命，当然是很有前途的。

一个人要在社会中生存发展，他的声望名誉是非常重要的。好的声望名誉不仅可以给一个人带来崇高的地位，它还可以给人带来众多的朋友和众人的仰慕与信任，使人愿意与他合作。古语道："得道多助，失道寡助。"声望好的人自然就是得道者，他们获得众人的帮助也就顺理成章。有了良好的声望，你在广阔的社会舞台上会如鱼得水、游刃有余，纵使偶遇挫折，也会峰回路转、逢凶化吉、遇难成祥。

个人声望，是个人魅力的一方面，也是造就统驭力的关键。严格来说，个人魅力和气场算不上是权力，但它却比权力更胜一筹。作为一个领导者，你掌握的权力只能够在企业内部实施，它存在一个有效范围，但是个人魅力和气场却不同，它在企业内外都可以产生巨大的影响力。一个善于运用个人魅力和气场树立自己地位的领导者，他的地位往往是非常坚固的，因为个人魅力能够让他得到众人的拥护和爱戴。古人早就说过"得民心者得天下"，用在这上面也不为过。

既然个人魅力的作用这么大，那么如何塑造个人魅力，进而提高个人的声望呢？众多领导者的成功经验给我们提供了参考：中国的传统教育非常重视"仁、义、礼、智、信"，而人们也常常以此作为评判一个人的标准。一个人的言行假如按这个要求去做，那么他就可以有一个好的声望，否则他可能会臭名远扬。

声望对于任何人而言都是无形的资产，而这个无形的资产远远要比实际财富重要。个人声望可以为人们带来经济利益、员工的服从、社会的尊重，同时人们也可以凭借个人声望获得和维持领导地位。个人声望不容易获得，假如得到就要珍惜，一旦失去就很难再找回来。因此，我们必须从一点一滴做起，提高自己的个人声望，提升自己的气场，成为一个有影响力的人。

# 把握生活中的关键时刻

马萨诸塞州的州长安德鲁在1861年3月3日给林肯的信中写道："我们接到你们的宣言后，就马上开战，尽我们的所能，全力以赴。我们相信这样做是美国和美国人民的意愿，我们完全废弃了所有的繁文缛节。"

1861年4月15日那天是星期一，他在上午收到军队从华盛顿发来的电报，在第二个星期天上午9点钟他作了这样的记录："所有要求从马萨诸塞州出动的兵力已经驻扎在华盛顿与门罗要塞附近，或者正在去往保卫首都的路上。"

安德鲁州长说："我的第一个问题是采取什么行动，假如这个问题得到回答，第二个问题就是下一步该干什么。"

安德鲁的气场是坚定而强大的。不管面对什么问题，他的回答都没有一丝犹豫，而是果断又坚决；至于要什么时候开始行动，安德鲁的回答永远都是"立刻"，绝不拖延。作为一名州长，假如安德鲁没有这样的行事风格，恐怕他也不会如此受人尊崇。

英国社会改革家乔治·罗斯金说："从根本上说，人生的整个青年阶段，是一个人个性成型、沉思默想和希望受到指引的阶段。青年阶段无时无刻不受到命运的摆布——某个时刻一旦过去，指定的工作就永远无法完成，或者说假如没有趁热打铁，某种任务也许永远都无法完成。"

人生中很多事情的发展，都取决于某个关键时刻，当这个时刻到来的时候，一旦犹豫不决或退缩不前，机遇就会与你失之交臂，再也不会重新出现。特别是对于领导者来说，想树立自己的威望，就必须有果敢的行动，决不能在气势上软弱。当你露出一副畏畏缩缩的样子时，你还想要别人如何追随你？

　　拿破仑非常重视"黄金时间"，他知道，每场战役都有"关键时刻"，把握住这一时刻意味着战争的胜利，稍有犹豫就会导致灾难性的结局。拿破仑说："之所以能打败奥地利军队，是因为奥地利人不懂得五分钟的价值。"

　　因为抓住了"关键时刻"，果敢地做出了决定，所以拿破仑改变了成千上万人的命运，他得到了众人的敬仰和无与伦比的声望。假如他当时犹豫了，没有抓住那五分钟的价值，历史恐怕就要改写了。

　　时间经不起蹉跎，很多事情也经不起等待。无论夏天有多长，也无法使春天被耽搁的事情得以完成。某颗星的运转即使仅仅晚了一秒，它也会使整个宇宙陷入混乱，后果不可收拾。一个气场强大的领导者，做事绝不能前怕狼后怕虎，一定要抓住关键时刻，做出决定。有些事情总是因为拖得时间太久，导致做事态度变得勉强。与其费尽心思地考虑今天的任务是否可以完成，还不如千方百计地用这些精力把它做完。在心情愉快或热情高涨时可以完成的工作，被推迟几天或几个星期后，就会变成苦不堪言的负担。当机立断常常可以避免做事情的乏味和无趣，拖延则通常意味着逃避，其结果往往就是不了了之。假如领导者经常犯拖延和逃避的错误，那他必定无法服众。

　　任何时候都可以做的事情往往永远都不会有时间去做。就像爱尔兰女作家玛丽·埃及奇沃斯说的那样："没有任何时刻像现在这样重要。不仅如此，没有现在这一刻，任何时间都不会存在。没有任何一种力量或能量不是在现在这一刻发挥着作用。假如一个人没有趁着热情高昂的时候采取果断的行动，以后他就再也没有实现这些愿望的可能了。所有的希望都会被消磨，都会被淹没在日常生活的琐碎忙碌中，或者会在懒散消沉中流逝。"

　　罗杰有个朋友是企管顾问，几年前他要搬新家，决定请一个女性朋友帮他做庭院设计。这个设计师是园艺学博士，学问好又聪明。

　　这个主人自己有很多构想，因为他很忙，又经常远行，所以一再向女设计师强调，庭园的设计一定要让他不用经常维护，自动混水装置等省力的设计更是非常关键。总之，他一直设法减少需要花在维护庭园上的时间。

最后女设计师忍不住对他说："我懂你的意思。但有个道理你应该事先明白，没有园丁，就不可能有花园。"

想干大事，首先要学会绕过琐碎小事，要抓住关键，也就是要找出人生中最重要的花草，全力去栽培。想锻造个人的强大的气场，那就必须学会抓住关键时刻，做出最重要的决定。记住：你的声望，取决于你的行动！

# 行动是最有说服力的语言

有一个人，从确立了他的目标开始，时刻记得行动才是第一位的。这个人是美国海岸警卫队的一名厨师。空余时间，他代同事们写情书，写了一段时间以后，他觉得自己突然爱上了写作。于是他给自己定了一个目标：用两年到三年的时间写一本长篇小说。

为了实现这个目标，他立刻行动起来。每天晚上，大家都去娱乐了，他却躲在屋子里不停地写啊写。这样写了很长时间，他终于第一次在杂志上见到了自己的作品，可这只是一个小小的豆腐块而已，稿酬也少得可怜。但他没有灰心，而是从中看到了自己的潜能。

从美国海岸警卫队退休以后，他仍然写个不停。虽然稿费没有多少，欠款却越来越多了，有时候，他甚至没有买一个面包的钱。尽管如此，他仍然锲而不舍地写着。朋友们见他实在太贫穷了，就给他介绍了一份到政府部门工作的差事。可他却拒绝了，他说："我要做一个作家，我必须不停地写作。"

又经过了几年的努力，他终于写出了预想的那本书。为了这本书，他花费了整整十二年的时间，忍受了常人难以承受的艰难困苦。因为不停地写，他的手指已经变形，他的视力也下降了许多。

最终，他成功了。小说出版后立刻引起了巨大轰动，仅在美国就发行了60万册精装本和370万册平装本。这部小说还被改编成电视连续剧，超过了1.3亿人次观看，创电视收视率历史最高纪录。这位真正的作家获得了普利策奖，收入一下子超过500万美元。

这位作家的名字叫哈里，他的成名作就是我们今天经常读到的《根》。

哈里说："取得成功的唯一途径就是'立刻行动'，努力工作，并且对自己的目标深信不疑。世上并没有什么神奇的魔法可以将你一举推上成功之巅，你必须有理想和信心，遇到艰难险阻必须设法克服它。"

假如你对一个人说："我要写一部小说。"第一次或许他会相信你。但是，一年之后，你再次对他说："我要写一部小说。"他就会有所怀疑，怀疑你是否有这个能力。等到三年之后，你再次对他说这样的话，他根本就不会相信你，甚至觉得你只是说说而已。一个人的声望是如何得来的？我们暂且不谈声望，只谈最基本的信任和欣赏，它们是从哪里来的？行动！

哈里确定了自己的目标之后，从未向任何人说起，而是坚持不懈地去努力、去实践。在行动中，他所做的一切就已经让一些人为之震撼，当行动给他带来成功之后，人们也自然会对他竖起大拇指，在心中为他留有一分尊重和赞叹。行动是这个世界上最有力的语言，积极的行动和消极的行动足以彰显一个人的气场，这种东西不必解释，任何人都可以看得到。

行动是一个敢于改变自我、拯救自我的标志，是一个人能力有多大的证明。所有的空想、所有的宣言，假如没有行动作为延续，就都是虚无缥缈的，因为没有任何实际的东西。就像美国著名成功学大师杰弗逊说的那样："一次行动足以显示一个人的弱点和优点是什么，能够及时提醒此人找到人生的突破口。"毫无疑问，那些成大事者都是勤于行动和巧妙行动的大师，他们总是用行动来证明和兑现自己曾经的心动，他们都是用行动来证明自己的价值。

斯通充当美国全国国际销售执行委员会七个执行委员之一时，曾作为该会的代表走访了太平洋地区。

在某个星期二，斯通给澳大利亚东南部墨尔本城的一些商业工作人员做了一次鼓励立志的谈话。到下星期四的晚上，斯通接到一个电话，是一家出售金属柜公司的经理意斯特打来的。

意斯特很激动地说："发生一件令人吃惊的事！你会同我现在一样感到振奋的！"

"把这件事告诉我吧！发生了什么事？"

"我的主要目标是把今年的销售额翻一番。令人吃惊的是：我竟在48小时之内达到了这个目标。"

"你是怎样达到这个目标的呢？你怎样把你的收入翻一番的呢？"斯通问意斯特。

意斯特答道："你在谈话中讲到你的推销员亚兰在同一个街区兜售保险单失败而又成功的故事，我记住你给我们的自我激励警句：立刻行动！我就去看我的一些记录，分析了10笔死账。我准备提前兑现这些账，这在先前可能是一件相当棘手的事。我重复了'立即行动'，我怀着积极的心态去访问这10个客户，结果做了8笔大买卖！"

行动的最好方法，就是要马上去做，立刻去做，不论从哪个角度看，这都是一句真理。也许你早已经为自己的未来勾画了一个美好的蓝图，但是它同时也给你带来烦恼，你感到自己迟迟不能将计划付诸实施，你总是在寻找更好的机会，或者常常对自己说：留着明天再做。这种犹犹豫豫的态度将极大地影响你的做事效率。要获得成功，必须立刻开始行动。任何一个伟大的计划，假如不去行动，就像只有设计图纸而没有盖起来的房子一样，只能是一个空中楼阁。

看看那些气场强大而积极的人，他们往往都是实干家。有了想法，就马上给自己制订行动的计划，然后开始实践。他们从来都不幻想着会有什么样的结果，也从不担心失败了会如何，更不会向外人宣扬自己即将开展一个伟大的计划。他们知道，任何东西都无法替代脚踏实地的行动。有了积极的行动，自然会有好的结果；有了积极的行动，就能够克服万难直至成功；有了积极的行动，任何人都会看得到自己的努力和付出，自然会产生信服感。行动，就是最好的证明。

据说，在美国一个小城的广场上，矗立着一个老人的铜像。他既不是什么名人，也没有任何辉煌的业绩和惊人的举动。他只是该城一个餐馆端菜送水的普通服务员。但他对客人无微不至的服务，令人们永生难忘。他是一个聋人，他一生从没有说过一句表白的话，也没有听过一句赞美之词，他只能凭"行动"二字，使平凡的人生永垂不朽！既然如此，你还有什么理由坐等呢？

# 以身作则才有影响力

一次，曹操亲自率军去打仗。当时，正值小麦快成熟的季节，曹操骑在马背上望着金黄色的麦田，心情大好。

曹操骑在马上边走边琢磨着问题，突然间路旁的草丛里有几只野鸡从马头上飞过。毫无防备的马受到了惊吓，嘶叫着狂奔起来，带着曹操跑进了附近的麦田里。等到曹操勒住了惊马时，地里的麦子已经被踩倒了一大片。

看到眼前的一切，曹操连忙叫来执法官，认真地说："今天，我的马破坏了庄稼。这违反了军纪，你按照军法给我治罪吧！"

执法官有些为难。按照曹操制定的军纪，破坏庄稼可是死罪。但曹操是主帅，军纪也是他制定的，这可怎么治罪呀？想了一会儿之后，执法官对曹操说："依照古制，刑不上大夫，所以您不必领罪。"

曹操说："这怎么能行呢？假如大夫以上的高官犯了罪都可以不治罪，那么法令还有什么用呢？何况，糟蹋了庄稼要治死罪，这条军令是我下的。假如我都不执行，那么今后如何让将士们执行呢？"

执法官迟疑了一下说："丞相，您的马是因为受到了惊吓，所以才冲进了田地。这不是您故意要糟蹋庄稼的，所以……"

"不行！军令如山，不管是故意还是无意，假如大家违反了军纪，都找借口为自己开脱，那军令就成了摆设。每个人都得遵守军纪，我也不例外。"曹操反驳道。

执法官有些不知所措了，他想了半天说道："您是全军的主帅，假如真的治罪，那么谁来指挥打仗呢？况且，朝廷需要丞相，百姓也需要您啊！"众将领听到执法官这样说道，也都纷纷上前哀求，请求曹操不要处罚自己。

见此情形，曹操沉思了一会儿说，说："我是主帅，治死罪虽然有些不适宜，但我也是触犯了军纪，还是要按军令从事。现在，我就用头发来代替脑袋吧！"说完，他便用宝剑割下了自己的一把头发。

曹操的一举一动被众将领看在眼里，他能够如此坚决地执行军令，不为自己开脱，这种以身作则的行为，显然是最好的服众武器。以身作则，本身就是一种强大的影响力，而以身作则的领导，通常也都有着强大的气场。在这种气场的作用下，下属也必将会踏实地服从命令，做事更加努力，让整个团队具备强大的执行力。

有人说，下属看到你的心动，就会明白你对他们的要求。的确，这就是气场的感染力。要让人跟着你转，你就必须能够吸引对方，并且比他们转得更快。领导者的声望是怎么来的？那就是敢为人先，激发下属的热情和活力。假如你的气场都是畏首畏尾、踌躇不前的，那么后面跟着你的那些人，也一定会精神不振。不能够以身作则，就无法带动整个团队严格地要求自己；自己的气场不够积极，就无法让周围的气场都变得积极活跃。别忘了，无论是积极的还是消极的气场，都有传染的作用。

气场最糟糕的领导莫过于这样：在台上说得唾沫横飞，讲得振振有词，拼命地为下属鼓劲。起初给人们的感觉是很有干劲，是一个有抱负能够带领团队向前冲的领导者，可接下来他们的行动却把自己"出卖"了。他们的行动与自己当初说得大相径庭，要求别人做的事情，自己从来没有身体力行地做过，可谓是说一套做一套。慢慢地，他们的气场就变了，带着一点虚伪的味道，让人骤生反感。

假如你渴望自己能够服众，树立领导的威望，那么你的内外气场就该是一致的。一定要严格地要求自己，起表率作用，这样才有鼓动性和号召力。更何况，己欲立而立人，己欲达而达人。只有自己愿意做的事，才能要求别人也去做；只有自己能够做到的事，才能要求别人也去做到。

艾森豪威尔是美国第34任总统，这个和蔼可亲、笑容可掬的人，受到了全美国人民的爱戴，他外表憨厚，实际上却是大智若愚。

　　1944年，艾森豪威尔担任欧洲战区盟军的最高统帅，周旋在丘吉尔和罗斯福之间。后来，他巧妙地运用手段让英军和美军结成联盟，组合了一支英勇的军团，最终打败了强敌，成为第二次世界大战中最伟大的英雄。艾森豪威尔领导的百万大军，士气旺盛，作战勇猛，而这一切全在于他的秘诀——以身作则。

　　一次，在众人谈到领导统帅的问题时，艾森豪威尔拿了一根绳子放在桌上。他用手推绳子，绳子没有动；接着他用手拉绳子，绳子动了。他说："领导就该如此，不能够推，而是首先要用自己的行动来拉动大家。"

　　他为人宽厚仁慈，处事公正严明，而且说话很幽默，时常用自嘲的方式来鼓舞他人。第二次世界大战期间，他到前线视察，为了鼓舞士气便对官兵们演说。不巧，天下了大雨，讲完话的艾森豪威尔不小心摔了一跤，惹得官兵们大笑。这时候，身旁的指挥官扶起他，并对官兵的无礼嘲笑表示道歉。可是，艾森豪威尔并不生气，他小声地对指挥官说："没什么，这一跤比刚才的演说更能鼓舞士气。"

　　第二次世界大战后期，美军伤亡惨烈，当时血液供给不足，国家鼓励人们献血。这时候，艾森豪威尔没有多说什么"鼓励"的话，而是以以身作则来响应这一号召。一位士兵看到了他献血的情形，便走过去说："将军，我多么希望能够输进您的血。"

　　还有一次，艾森豪威尔参加一个聚会。会中有六位贵宾被邀请演说，艾森豪威尔也是其中之一，只不过他被安排到最后。轮到他上台的时候，已经很晚了，听众们早已昏昏欲睡，没有心思听了。这时候，艾森豪威尔笑着说："演说总得有个句号，我现在就来当这个句号吧！"他的演讲词是最短的，只有这两句话，可却赢得了最热烈的掌声。

　　领导者的声望和气场是什么样的？我想不必再解释，看到艾森豪威尔的言谈举止，你一定可以感受得到。领导的言传身教就是一个导向和示范，是无声无形的，却是最能够凝聚人心、化解矛盾、鼓舞士气、催人奋进的力量。要锻造你的影响力，集聚悦服众人的声望，就从以身作则开始吧！

# 犹豫不决是气场的天敌

亚默尔是美国的实业家，他就是个果敢的人，而这种说干就干的性子，也着实将他推向了成功。那天，亚默尔和往常一样，坐在办公室里看报纸。突然间，他发现了一条非常重要的时讯：墨西哥可能发生了猪瘟。亚默尔随即便想到：假如墨西哥出现了猪瘟，那么加利福尼亚州和得克萨斯州必然会受到影响，一旦这两个地方出现疫情，肉价一定会飞速上涨，因为这两个州是美国肉食生产的主要基地。

亚默尔没有犹豫，连忙让他的私人医生到墨西哥进行调查。果然，墨西哥真的出现了瘟疫。亚默尔连忙筹集资金，大量收购得克萨斯州和佛罗里达州的生猪和肉牛，并将其运送到美国东部的几个州。事情正如亚默尔所预料的那般，瘟疫很快就蔓延到了美国西部的几个州，美国政府下令禁止这几个州的生猪和肉牛外销，必须就地销毁。一时间，美国国内市场的肉类产品紧缺，价格飙升，亚默尔抓住了这个时机发了一笔大财。

世界上有很多像亚默尔一样成功的人，他们并不一定比别人"会"做，只是很多时候他们"敢"做。他们做事从不迟疑不定，而是果敢地采取行动，并做好承担一切结果的代价，这种气场会给他们带来好运，带来成功。

世间最可怜的，是那些做事举棋不定、犹豫不决、不知所措的人，是那些自己没有主意、不能抉择的人。若是一个领导者有了类似的缺点，就很难得到下属的信任，他意志不坚难以成为一个好的决策者，甚至让下属看得有些"憋屈"，这样的领导者声望不会太强，也很难带领团队获得成功。因为他的优柔寡断，让他不敢决定那些重要的事，他拿不准决定的结果是好还是坏，是凶还是吉。生活中有很多这样的例子，某个领导者本身能力很强，人品也好，但就是因为优柔寡断使团队和自己错失了许多好机会。反观那些决断的领导者，即使会犯些错误，也不会给事业带来致命打击，因为他们对事业的推动，总比那些胆小狐疑的人敏捷得多。当他们的决断为团队争取到利益的时候，他就形成了一股气场，坚决和必胜的气场，这种气场的存在自然会让他的声望和威严得到提升。

谁都知道，领导者的决策关乎整个企业的命运，也关乎着下属的发展。我们在前面提到过，要留意你周围的气场，在一个积极的大环境中，每个人都能够被注入一股力量。领导者的职责之一，就是营造一个良好的氛围，而要做到这些，首先他自己的气场必须是积极的、正面的、强大的、足够有影响力的。有些领导缺少的正是这一点，面对一些重大的抉择时，他们总是犹豫不决，不知道下一步该怎么走，生怕会犯错，付出巨大的代价。

实际上，过多的犹豫才会导致更彻底的失败。我们大概都听过"断尾求生"的故事：遭遇敌害的时候，壁虎通常会弄断自己的尾巴，让那条断尾继续跳动，分散敌人的注意力，以便让自己逃脱。假如它犹豫不决的话，那么最终的结果就不是少了条尾巴，很可能是送了命。况且，少了尾巴也没关系，不久之后它还会再长出来。美国奇异公司的前CEO威尔逊，曾经做过一个"断尾求生"的决定：将许多业绩不佳、名次排在业界前两名以外的事业部门关闭。同样，某家美国银行把700多亿元的不良资产出售给资产管理公司。当他们做出选择时，都是痛苦的，但是为了整体的利益，经营者必须当机立断，拿出勇气和魄力做出果断的决定，才会有机会重新开始，获得新生！果断，决绝，这就是一种气场！

当恺撒率领他的军队在英国登陆时，他决意不给自己的部下留任何退路。他要让他的军士们明白，此次进攻英国，不是战胜，就是战死。为此，他当着士兵的面，把所有的船只都焚烧殆尽。拿破仑也一样，他能摒除一切会引起冲突的顾虑，具有在一瞬之间下最后决定的能力。

作为领导者，假如没有坚决果断的行事风格，就会给人一种懦弱无能的气场。这样的领导在下属心中的印象会大打折扣，其威望也不会太强。做出决策是需要勇气的，当信息完全准确的时候，领导者做决定很容易；当信息难以得到时，能否果断地做出决定才是考验领导能力的时候。这时候，一双双眼睛都在盯着你，等你做出一个决定，你是众人的焦点。假如你表现出一副犹豫不决的样子，那么你的气场就透露出一种恐惧和担忧，令下属看不起。假如你还在犹豫，错失良机，你想过结果吗？

要知道，没有人会尊敬或跟随一个胆小怕事的领导，在关键时刻不能做出英明的决断，那么你日后的影响力和感召力都会受到影响，它们的效果会强于你平日里长期的外在表现。假如恰巧你平日里是个气场十足，一到关键时刻却疲软下来的人，那么这个反差只能让人讥笑。所以，果断坚决，勇敢当先，这是权衡影响力的一个重要因素，能够帮你赢得下属的信赖和赞赏，能够帮你提升外在的气场！

你一定会问：如何才能够当机立断呢？这就需要你在行动前做好准备，尽快收集各种信息，快速形成一个较为成熟的想法，知道如何去做。这个准备的时间不宜过长，否则就会错失良机。心中有数，明确了方向，接下来就要付诸行动，马不停蹄地去做。假如凡事都能延续这样的思路和方法，那你就会胸有成竹，一步一步地走向成功。

# 无声是一种强大的力量

战国时期，秦昭襄王在位已三十六年。但国家军政权力依然掌握在母亲宣太后和舅舅穰侯手中，使得昭襄王无法独立执政，实行变革。范雎就是在这时到达秦国的。他先给昭襄王上书，说自己有办法使秦国强大，还暗示了如何处理昭襄王与宣太后及穰侯的关键问题。

昭襄王看了范雎的上疏后决定召见范雎。到了召见那天，范雎故意事先在接见的地点四处闲逛。昭襄王驾到时，侍臣看到有人在附近闲逛，便道："大王驾到，回避！"

范雎这时故意提高声音说道："秦国哪有什么大王，只有宣太后和穰侯而已！"这话正好击中了昭襄王积压在心中许久的心病。他有些不安地接见范雎,对他说："早该拜见先生的，只是政务烦心，每天要去请示太后，所以拖到现在。我生性愚钝，请先生不要客气，多加教诲。"

但范雎一言不发，若无其事地向四周顾盼着。

大厅内静悄悄的，气氛十分凝重。左右群臣们都有些不安地看着事态的发展。昭襄王猜想可能是由于众臣在场，范雎有所不便，就遣退众臣，但范雎仍然一言不发。昭襄王于是又问道："先生有什么赐教于我？"

范雎开了口，说："是，是。"停了一会儿，昭襄王又一次请教，范雎仍只是说："是，是。"停了一会儿，如此重复了好几次。

后来，昭襄王长跪不起，说："先生不肯指教我吗？至少也该解释一下为什么一言不发的理由吧！"

这时，范雎才拜谢道："不敢如此。"于是滔滔不绝地谈下去。他谈的主要内容即是著名的"远交近攻"策略，同时也谈及宣太后、穰侯等人独断专权、架空昭襄王一事，并提出应对策略。

秦昭襄王听了范雎的话后十分赞赏，马上任命他为顾问。几年后，又让范雎做了秦国宰相。后来他对范雎说："过去齐桓公得到管仲，时人称他为'仲父'。现在我得拜您，也要称您为'父'！"

范雎别出心裁的做事方法确有其妙不可言的独特效力。沉默使昭襄王屏退了众臣，也使昭襄王能怀着一种惊异而专注的心情来倾听范雎的意见，并加重了对他的敬重之意。沉默是一种无形的力量，它不是一味地不说话，而是一种成竹在胸、沉着冷静的气场，它能够在神态和气势上压倒对方。恰当地运用沉默，往往令对方招架不住，自乱阵脚，从而露出庐山真面目。我们有一张嘴两只耳朵，目的就是让我们明白耳朵的作用比嘴巴大，听比说更为重要。在特定的场合中，少说乃至不说、保持沉默，常常比喋喋不休地论理更有说服力。

沉默是一种无声的语言，中国有一句古话叫作："于无声处听惊雷。"有时候，沉默可以变得很犀利。我们大都会经历这样的场景：你在和别人讨论、争执，当别人感到乏味时，会不理会你的语言，拿起桌上的报纸或其他什么，随便翻阅起来，以此作为回应。但恰恰是这种沉默式的回击，往往会让你感到十分难受。这就是沉默的"犀利"之处。不要试图借助言语驱使他人做你希望的事，他们只会因为你的怪癖而反对你，毁灭你的愿望；在人生绝大部分的领域内，你说得越少，就越显得神秘。当你学会闭上嘴巴的时候，实际上更有机会拥有权力。

托马斯·阿尔瓦·爱迪生发明了自动发报机之后，他想卖掉此发明以及制造技术来建一个实验室。因不熟悉行情，不知道能卖多少钱。爱迪生与夫人商量之后，夫人说："两万美元吧，刚好能建一个实验室。"爱迪生心想："两万美元，会不会卖不掉呢？"在与商人洽谈时，商人问到价钱。爱迪生认为要两万美元太高了，不好意思说出口，便平静地坐在那里估量着应不应该降些钱。沉默了好久，最后商人终于耐不住了，说："那我先开个价吧，十万美元，你看怎么样？"爱迪生的一次沉默，便多得了4倍的好价钱。

长时间的沉默会给人造成很大的心理压力，人生性都是排斥黑暗与沉默的，这会让人感到没有依靠，因此而沉不住气。另外，沉默还可以引起对方的注意，使对方产生迫切想了解你的念头，因为沉默有种"神秘"的意味。在重大谈判中运用的沉默，表现出的气场和对抗力，远比唇枪舌剑的争论更有震慑力和说服力。

　　话多不如话少，话少不如话好。多言的人气场往往是浮躁的，因为口头上慷慨的人行动总是吝啬的。在适当的时候，保持沉默，你的力量大过于千军万马。

# 第八章
# 气场渲染的亲和感

情感的号召力是一种气场，在它面前，就算是坚冰也一样能被融化。要锻造强大的感染力，很好地说服别人与你站在同一战线，那么在人们感到失意或是反抗或是需要花费金钱和付出努力的时候，用情感去打动他们吧，这种力量会让他们与你的想法同步。

# 不要小瞧生活中的沟通

古时候，有个人邀请朋友来家中做客。宴席早已摆好，已经时近中午却还有几人迟迟未到。主人自言自语地说："该来的怎么还没来？"

有的人听到这话也没多想就继续和旁人说笑聊天，而有些爱琢磨的客人心想："该来的还不来，那么我是不该来的了？"于是起身告辞而去。

这个人很后悔自己说的话，连忙解释说："不该走的怎么走了？"

话音刚落，其他的客人心想："不该走的走了，看来我是该走的了！"于是，又有一些人也纷纷起身离席告别，最后只剩下一位多年的好友。

好友责怪他说："你看你，真不会说话，把客人都气走了。"

那人正感到委屈，就辩解说："我说的不是他们。"

好友一听这话，顿时心头火起："不是他们！那只有我了！"于是长叹一口气，拂袖而去。

一个人受不受欢迎，周身散发的气场有没有吸引力，与他的言谈密不可分。话说得好，小则可以欢乐，大则可以兴国；反之，话说得不好，小则可以招怨，大则可以坏事。宴请宾客原本是一件其乐融融的好事，到最后却因为主人不会"说话"，让整个宴会充满了怨气、怒气、埋怨和委屈，实在是得不偿失。

一个人的言谈，决定了他的气场。这一点，毋庸置疑。孔子在《论语·季氏篇》里说："言未及之而言谓之躁，言及之而不言谓之隐，未见颜色而言谓之瞽。"这就是说：不该说话的时候你说话了，这就是急躁；该说话的时候却闭嘴不言，这就是隐瞒；不看对方的脸色就贸然开口，这就是睁眼瞎。仔细想想，的确如此。一个人的说话方式，能够反映出他的性格特点，也直接决定了他在别人面前的印象。换句话说，假如你会说话，懂得说话的艺术，那么你的气场就是充满吸引力的；相反，假如你总是说错话，那么你的气场就是"带刺"的，总是让人想要避而远之。

回忆一下你周围的那些人，你一定会发现这样的事：那些口吐莲花、幽默风趣的人，在人群中总能够成为焦点。他们可能其貌不扬，但他们却能够赢得很多人的青睐，无论是上司、同事、下属，还是异性伙伴；他们可能没有显赫的家世背景，却能够游刃职场，或是闯出自己的一番事业。其实，这一切都只是因为他的气场是积极向上的，总能够给人带来快乐和轻松的感受，这是他最大的个人魅力。

每个人都不是孤立存在的，都免不了要和他人进行沟通交流。无论是古代还是现代，口才都是开发潜能、驾驭生活、改善人生、追求事业成功的工具。那些有口才的人，往往都是气场超强的人，他们都懂得讲求说话策略，很多时候都会侧面迂回，既不失真诚和厚道的品性，也能让对方感到高兴。古时候有个叫优旃的人，就因为此深得秦始皇的喜欢。

优旃是秦国的歌舞艺人，个子非常矮小。但他说话幽默，常常能在说笑中映射出大道理。

一次，秦始皇在宫中摆酒设宴，正遇上天下大雨。宫殿中一片欢歌起舞，而殿外执位站岗的卫士却都在淋着大雨，受着风寒。

优旃见状，心里十分怜悯这些卫士，便故意问他们："你们想休息吗？"

卫士们几乎异口同声地说："当然非常希望。"

优旃则告诉卫士们："一会儿假如我叫你们，你们要很快地答应我。"

过了一会儿，优旃上前给秦始皇祝酒，之后又转身走向栏杆旁，大声喊道："卫士！"

卫士答道："在。"

优旃说："你们虽然长得高大，又有什么好处？只能站在露天淋雨，我虽然长得矮小，却有幸在这里休息。"

秦始皇这才意识到自己的失误，知道优旃是在借用自嘲的形式来讽刺他。于是，秦始皇下令：准许卫士减半值班，轮流接替。

还有一年，秦始皇打算把打猎游乐的园林往东延至函谷关，往西扩至雍、陈仓一带。这样一来，几千亩农田将全部成为牧场。

朝中许多老臣听到这个消息后，都上书劝谏，直接批评这是劳民伤财，是万万不可为的事情。

秦始皇心中异常不快，怒言道："这天下都是朕的，朕想建个园林，你们这些老东西就婆婆妈妈的！谁敢再劝谏，拉出去立刻砍了！"

优旃听说后，就趁秦始皇兴致勃勃时探听虚实："听说陛下要扩大园林？"

"有这么回事。"秦始皇得意地说。

"好得很！"优旃说，"园林扩大了，可以多养禽兽，要是有敌人从东方来进攻，咱们可以用大大小小的鹿去撞死他们！"

秦始皇不禁被优旃逗笑了，然而仔细想想，为了国家的安危，还是不要过于玩乐了。于是，扩建园林的事情就此被否决了。

如此幽默诙谐的劝诫方式，任谁听了都会听从，这就是语言的力量，语言酿造出的气场。语言本身是个性的体现，一个人的魅力很大程度上都是通过语言展现出来的。柔美的语调让人感受到温暖和亲切的气场，能够赢得众人的认同和好感；恶言恶语却像一把冰冷的刀子，不仅把人戳疼，还惹人厌烦。所以，别小看"说"的力量，你会不会"说"直接决定了你的气场强不强大，懂得了说话的艺术，才能够渲染出亲和力，这一点是你迈向成功的关键。

# 幽默有一种独特的魅力

一天，古希腊的大哲学家苏格拉底正在和弟子们讨论问题。突然，苏格拉底那脾气暴躁的妻子闯了进来，冲着苏格拉底就大骂一顿，接着又把一桶水泼在苏格拉底的身上，苏格拉底还不知道怎么回事，就成了落汤鸡。

学生们都看傻了。他们以为老师一定会大怒和妻子吵架。没想到，苏格拉底什么也没做，他只是笑了笑，对弟子们说："我知道，雷声过后一定会下雨。"弟子们听后哈哈大笑。这时候，苏格拉底的妻子略感羞愧地离开了。

当着众多弟子被妻子大骂一通，又被泼了冷水，苏格拉底不仅没有生气，反倒是以幽默的语言化解了尴尬。这种气场实在令人佩服和感叹。假如他像弟子们想的那样，大发雷霆，不仅有失身份，还可能让事情变得更糟。反过来说，假如苏格拉底没有这样的气场，他也不可能成为被人们铭记于心的大哲学家。

幽默能够展现一个人的气场。我们在生活中总是会遇到各种尴尬的事，有些可能是我们自己导致的，有些可能是他人的过失。这个时候，假如单纯地较劲，往往会让自己的气场向负面倾斜，让你产生易怒、暴躁、斤斤计较的感觉。若是换成说句幽默的话，反倒会能化解尴尬的场面，因为幽默具有极大的诱惑力和亲和力，它能够帮助一个人树立自己的形象，增强自己的魅力与吸引力。

幽默是一种高雅的风度，能够体现个人修养。人们喜欢幽默的人，是因为他们会给人带来欢乐和轻松的感受；人们向往幽默，是因为它可以让人变得气质非凡，更加有魅力。世界上很多名人都具有幽默感，也都认同幽默感的魅力。

作家布拉尔说："使人发笑的，是滑稽；使人想一想才发笑的，是幽默。"

诗人歌德说："幽默只适用于有教养的人，因此并非每个人都能懂得每件幽默作品。"

幽默来自好的心态和乐观的个性，有幽默感的人从来不悲观处世，即便在不顺心的时候也能发现某些积极的东西，为自己的心理找到平衡。幽默是一种才能、一种灵气，需要有丰富的知识和高尚的修养作为支撑。不信你看，那些知识肤浅、心胸狭窄、行为粗俗的人，永远都是一副吝啬、小气、做作的样子，就算是开玩笑，也都是一些浅薄无知或庸俗低级的内容，没有丝毫的高雅可言。相反，那些有内涵的人，才能够让幽默展现出吸引人的魅力。

一天，海涅正在伏案创作，突然被一阵急促的敲门声所打断。来人送进了一个邮包，寄件人是海涅的朋友梅厄先生。

海涅因紧张地写作而感到有些疲倦，又因被人打断思路而显得很不高兴。他不耐烦地打开邮包，里面包着层层纸张。他撕了一层又一层，终于拿出一张小小的纸条。小纸条上只写着短短的几句话："亲爱的海涅，我健康而又快活！衷心地致以问候。你的梅厄。"

海涅刚想发怒，却又不禁被朋友的这个玩笑所逗乐，他深深地感到一种被人惦念的幸福，疲倦感也即刻消失了。调整情绪后，海涅决定对他的朋友也开一个玩笑。

几天后，梅厄先生收到了海涅的一个邮包。那邮包重得很，以至于他甚至都无法一个人把它拿回家。他雇了一个脚夫帮他扛到家后，梅厄打开了这个令人纳闷儿的邮包。

随后，他惊奇地发现里面竟是一块大石头。石头上有一张便条，上面写着："亲爱的梅厄，看了你的信，知道你健康又快活，我心里的这块石头落地了。现在，我把它寄给你，以永远纪念我对你的爱。"

假如是你收到了一块大石头，外加这样一封信，相信你也会笑上十天八天。不为这礼物多么特别，而在于送礼者那番话多么的有趣。瞧，这就是一种感染力。尽管这个人没有出现在你眼前，但他那种幽默的气场依然可以对你产生影响，给你带来快乐，这样的朋友你能不喜欢吗？

俄国文学家契诃夫说："不懂得开玩笑的人是没有希望的人！这样的人即使身高七尺、聪明绝顶，也算不上真正有智慧。"的确，幽默不仅仅能够帮助我们提升气场，拥有好人缘。有时候，它还能够帮助我们成功地说服他人。谁都知道，人与人之间总会存在不同的意见，假如要说服他人接受自己的意见，抱着逆反或是对抗的心理，结果肯定会谈崩。这时候，假如你有了幽默感，善用幽默的语言，那么你的气场就会潜移默化地影响对方，让彼此间消除分歧，找到共同点。

美国总统里根上任之后，本打算让国会议员斯托克曼担任联邦政府的管理与预算局局长。不过，斯托克曼曾经好几次在公开辩论中抨击里根的经济政策。这该如何打破僵局呢？

很快，里根想到了办法。他在电话中对斯托克曼说："嗨，戴维，你有好几次在辩论中都抨击我，我一直想找机会找你算账呢！现在我有办法了，我派你去管理与预算局工作。"

就这样，一个幽默的电话，不仅打破了僵局，还化干戈为玉帛了。

幽默的素质有天生的成分，但更多的是后天的培养。想让自己变得更优秀，更有吸引力，那就学着幽默一点吧！不过，学会幽默的前提是不断加强自身的文化修养，培养自己的机智敏锐和乐观主义精神，更要领会幽默的本质并加以吸收。当然，最重要的还是不断实践，坦率、豁达地与人交往。做到了这些，你就会成为一个有魅力的人，你的气场也会帮你吸引更多的人气，还有更多的成功。

# 善用"我们"，让你更具吸引力

一家经营不善濒临倒闭的毛衣厂，面向社会招聘厂长，最终的人选由所有职工投票决定。经过多轮选拔，最终产生两男一女三位胜出者，下一任厂长就将从他们三人中选出。

在竞聘会上，三位候选人一一上台做竞聘演讲，然后由坐在台下的职工代表们提问并选出优胜者。最终，三位当中唯一的一位女士成功地当选厂长，她能够最终胜出的秘诀就是在回答职工代表提问的时候很好地展示了自己的亲和力，把话真正说到了代表们的心窝里，让代表们认为她是一个真正能干实事、能够带领工厂走出困境的好厂长。

企管处处长问："在企业管理方面，你是个外行，请问你会以什么样的理念来管理整个工厂？又准备怎样调动起大家的生产积极性？"

女候选人回答："论管理企业我并不认为自己是外行，何况我们厂还有那么多懂管理的干部和技术高明的老工人，更有许多朝气蓬勃、勇于上进的年轻人。我上任后，第一件要做的事就是把老师傅请回来，把年轻人的工作、学习和生活安排好，让每个人都干得有劲儿，玩儿得舒畅，把工厂当成自己的家。"

一位资深技术工人问："咱们厂现在不景气，去年整整一年没发奖金，我要求调走，你上任后能放我走吗？"女候选人回答："你要求调走，是因为工厂办得不好，假如把工厂办好了，我相信你也就不会走了。假如我当上了厂长，那么先请你再留半年，假如厂子没有起色，到时我一定放你走。"话音刚落，全场爆发了雷鸣般的掌声。

厂工会代表问："以现在厂子的状况势必要进行机构和人员精简，你上任了以后打算裁掉多少人？"女候选人回答："调整干部结构是大势所趋，现在科室的干部显得人多，原因是事少，假如事情多了，那就不但不会裁人反而要对外招人。我上任以后，第一目的不是裁员，而是扩大业务、发展生产。"

女工代表问："我是一名女工，现在怀孕7个多月了，还让我在车间里站着干活，你说这合理吗？"女候选人回答："我也是女人，也怀孕生过孩子，知道什么是合理的事，什么是不合理的事。合理的要坚持，不合理的一定改正。"女工们立即活跃了起来，有的人激动地说："我们大多是女工，真需要一位体贴、关心我们疾苦的厂长啊！"

女候选人的这一番话，赢得了厂里各个部门，干部、工人的广泛支持，最终成功地当选了厂长。

感人心者，莫先乎情。真挚、诚恳、值得信赖，这就是台上那位女候选人的气场。她在会上说了很多温暖人心的话——"把工厂当成自己的家"、"我也是女人，我知道什么是合理的，什么是不合理的"，她那颇具亲和力的气场感染了员工，也帮她获得了成功。

亲和力是一种气场，是一种使人愿意亲近和接触的力量。换句话说，亲和力就是"我们"的力量，在说话时强调"我们"，就会让对方感受到他与你是"命运共同体"，从而加强人与人之间的吸引力。假如一个人总是强调"你"、"你们"，那个人的感觉就是他与听话的人处于两个不同的立场上。

美国前总统尼克松就非常善用"我们"的力量来提升气场，拉近自己与群众之间的距离。当年，在提出美国历史上最大一笔联邦预算时，他向所有国民呼吁："伟大的政府掌握在我们大家手中，利用我们大家的钱来建立国家的时期已经来到了。"尼克松总统以"我们"来诱导全国国民的心，结果取得了成功。

那些著名的演说家在演讲时，通常很少说"我"，而是常用"我们"这个词语。这样一来，就在无形之中与听众拉近了距离，默然之中形成了一种共识：这是我们大家的，从而找到共鸣。演说家的气场是怎么来的？就是将自己融于听众之中，让听众们接受他，被他的气场所感染，最终被说服。

美国有位政客在发表电视演讲时这样说道："我们要趁早将牛肉自由化，使大家都能吃到廉价的牛肉，所以我们必须行使共同的权利，以达到这一目的。"听到这样的话，大家就会觉得，这不是某一个人的事，而是大家共同的事。当然，这位政客也可能只是为了个人的利益，不过他用了"我们"这个词，群众听了之后仍旧会觉得亲切，这就是语言的魅力。

所以，当你想要说服一个人，或是一群人的时候，别只顾自己说得天花乱坠。即便你所说的很有道理，但你的气场依然是微弱的，感染不了他人，甚至还会让人产生误解，认定你是为了个人利益在演戏，根本难以聚拢人心。

美国前总统林肯说过："假如你想劝说一个人信从你的立场，首先要让他相信你是他忠实的朋友。"所以，多使用"我们"，你的气场立刻就会变得不同，它让你具备吸引力和凝聚力，让听者认为你和他们的利益一致。这样一来，即便是再坚硬的堡垒也会倒塌，所有人都会倾向于你这边，这就是"我们"的力量，这就是气场的胜利！

# 情感可以融化坚冰

　　长期的军旅生活，让拿破仑养成了体谅他人的美德。作为一名统帅，他时常会批评士兵，但这种批评不是破口大骂，而是在照顾士兵情绪之余提出意见。这样一来，士兵不仅能够坦然接受他的批评，还会对他充满感激和热爱。这让军队的战斗力和凝聚力无比强大，也使拿破仑的军队成了欧洲大陆的一支劲旅。

　　在征服意大利的一次战斗中，士兵们疲惫不堪。拿破仑夜间巡逻查哨时，发现一位巡岗的士兵靠着大树睡着了。拿破仑没有愤怒地喊醒士兵，而是拿起他的枪替他站岗。半个小时之后，哨兵醒了，他看到最高的统帅在自己的身边站着，心里惶恐不安。而拿破仑却没有指责他，而是亲切地说："朋友，这是你的枪。你们走了那么长的路，艰苦作战，困了累了我能够理解。不过，现在的情况很严峻，一时间的疏忽就可能断送全军。我正好不困，就替你站了一会儿，你以后要注意啊！"

　　拿破仑没有严厉地指责站岗时睡着的士兵，也没有摆出一副统帅的架子，而是用几句诚恳关切的话提出了士兵犯的错误。在他的言行举止中流露出的是一种真诚和关切，这种气场令人感动，并能够激起内心的恻隐之情，让人更加努力，以此作为回报。有这样的一位将军，也难怪他的军队会所向披靡。

　　人心是最神秘莫测的世界，想要开启这扇紧闭的大门不容易，但也并非毫无办法。你永远都不能忽视气场的力量，当你掌握了一些行之有效的技巧时，你的言行散发出的气场，就能够帮你取得成功。人们在做出某种决定的时候，其实并非依靠着理性的思维，多半是依赖人的感情和五官的感觉。换句话说，感情可以帮助你突破难关，也能够让反对者变成拥护者，这属于潜在心理学的突破点，当然这也是因为对方被真挚的气场感染的缘故。

林肯在成为总统之前，曾经是一名律师。一次，有个老妇人找到林肯，诉说了自己的遭遇，请求得到帮助。这位老人的丈夫在独立战争中牺牲，她没有子女，平日依靠抚恤金生活。照理说，她是烈士的遗属，应当好好照顾才对，但是负责管理抚恤金的出纳却总是欺负她，每次老人领取抚恤金的时候都要求她缴纳手续费，而手续费的金额是抚恤金的一半。

听完老人的诉说，林肯十分气愤，他接下了这个案子，帮助老人维护权益。

开庭审理此案的时候，被告矢口否认，而老妇人没有任何证据证明过去发生的那一切。林肯知道这次辩护很艰难，被告的勒索是口头提出的，没有人证也没有物证，被告不承认的话，原告一方很难办。

轮到林肯辩护了，他没有指责被告多么不道德，只是对着听众，用自己富有感染力的声调描绘当年的独立战争。说到那些爱国者在冰天雪地里奋战的情景，他的声音哽咽了，眼里还闪着泪光。听众被他的语境感染了，也被那动情的语言感动了，有些人甚至还流下了眼泪。这时候，林肯说："虽然这已经成为历史，1776年的英雄也已经长眠于地下。可是，他的遗孀却站在我们身边。可以想象，这位老人从前也是个美丽的姑娘，有过幸福的家庭。可是，她为战争付出了巨大的代价，她失去了自己的丈夫，变得无依无靠，只得向我们这些享受着先烈们争得自由的人们求助。朋友们，我们难道要熟视无睹吗？"

林肯的发言结束了。听众们有的在流泪，有的表示要解囊相助，还有的人竟然扑上去要撕扯被告。被告一时间成了千夫所指的对象。听众一致为原告讨公道，被告遭到了谴责。

人都是有感情的动物，想要试图去说服他们，首先就要展现出一股能够感动人的气场，这样才能够动摇对方的心理防线。这就是我们常说的"晓之以理，动之以情"。想打造你的亲和力，那就千万不能忽视感情的力量，它有时候甚至会超越利益。富有亲和力的气场，都是从说话的情感中流露出来的。

曾经，有个少年不小心从地铁的站台上掉了下去，结果被一辆飞驶而来的列车撞倒。虽然保住了性命，但却失去了一双手。后来，少年对铁路公司提出了控诉，但是法院的审判认为，这场事故不是铁路公司的过失，是少年自己造成的。这让少年很受打击，他对生活失去了信心。到了最后判决的那天，在最后的一场辩论中，法院竟然宣判少年胜诉，且全体陪审员也都同意了。这一切，是因为少年的辩护律师在结束时说了一句话："昨天我看到他吃东西的时候，直接用舌头去舔盘子里的食物，我忍不住流下了眼泪。"就是这句话，让陪审团的判决峰回路转。

情感的号召力是一种气场，在它面前，就算是坚冰也一样能被融化。情感可以锻造强大的感染力，很好地说服别人与你站在同一战线。在人们感到失意或是抗拒或是需要花费金钱和付出努力的时候，用情感去打动他们吧，这种力量会让他们与你的想法同步。

# 要避免无谓的争论

第二次世界大战刚结束时，戴尔·卡耐基被邀请参加宴会，这一次的宴会是专门为推崇一位被英皇授予爵位的英雄而举行的。

宴席期间，一位声名显赫的先生讲了一段幽默的故事，并引用了一句话，大意是"谋事在人，成事在天"。那位健谈的先生随后补充道，他所征引的那句话出自《圣经》。

卡耐基一听，顿时就知道他说错了。他敢肯定，那句话出自莎士比亚的戏剧，而且他清楚地知道出自哪一出中哪一幕的哪一场。为了表现优越感，卡耐基立刻纠正了他。这时候，那位先生立刻反唇相讥："什么？出自莎士比亚？不可能！绝对不可能！那句话就是出自《圣经》。"

卡耐基继续说："不信的话，你可以问问坐在我旁边的这位先生，他是我的朋友法兰克·葛孟。他研究莎士比亚的著作已有多年。"葛孟听了，在桌子底下踢了他一下，然后说道："戴尔，你错了，这位先生是对的。这句话的确出自《圣经》。"

宴会结束后，卡耐基私下里问葛孟："法兰克，你明明知道那句话出自莎士比亚，你为什么要撒谎？"

葛孟回答："没错，我当然知道。那句话出自《哈姆雷特》第五幕第二场。可是亲爱的戴尔，我们是宴会上的客人。为什么要证明他错了？那样会使他喜欢你吗？为什么不保留他的颜面？他并没问你的意见啊，他也并不需要你的意见。为什么要跟他抬杠？永远避免跟人家发生正面冲突。"

这件事给了卡耐基一个教训，他说："你赢不了争论。要是输了，当然你就输了；假如占了上风，获得了胜利，还是输了，证明了你并不是一个会做人的人。"的确，永远不要与他人发生正面冲突，这会削弱你的气场。

　　争论本身就是一件没有意义的事，你与他人争论输了，你在气势上就软了；就算争论赢了，你一样是输了，你伤害了对方的自尊心，你丧失了亲和的吸引力，你在他面前的气场变成了负的，与对方的气场产生相斥作用。

　　古人早就说过："世俗之人，皆喜人之同乎己，而恶人之异于己也。"世界上没有两片相同的树叶，更何况人的想法。人际交往中，时常会出现意见不合的情况，争执也在所难免。但是，假如你希望自己日后不成为对方的"敌人"，保持着一种吸引人的魅力，那么在与他人发生分歧的时候，不要纠缠着与之争论不休。尝试理解他人，当然不是要求你完全接受别人的观点，你要让对方感觉到你在设身处地地站在他的角度看问题、理解问题，用"同质"的气场去影响他，才能够心平气和地解决问题。假如非要辩论、争强，你就永远也得不到对方的好感了。林肯就曾这样对一位和同事发生争论的青年军官说："任何决心有所成就的人，决不肯在私人争辩中耗费时间。争辩的结果，包括发脾气、失去自制，其后果是难以让人承担得起的。"

　　争论很容易让人丧失控制力，在不断升级的话语中，态度也越发蛮横，话语逐渐伤人，在不知不觉中去挑战对方的心理防线，导致双方都不冷静。一个失去了沉稳、气度，变得狭隘、恶语连篇的人，怎么还能够散发出好的气场呢？

　　其实，对于一个问题，没有绝对的"对"或"错"之分。特别是在生意场上，意见不统一、个人利益受到损失等情况时有发生，为此争执不下、争斗不休往往没有什么好结果。看看那些气场强大的有经验和涵养的生意人，他们在与人交往、谈判、合作时，永远都是面带微笑，摆出一副坦诚的样子。即便出现矛盾，也总是秉承以和为贵的原则，用自己强大而正面的气场赢得他人的好感，提高自己在他人心目中的地位，从而广结人缘。假如是迫不得已被卷进了争吵中，他们也会表现得非常有气度，甚至甘愿充当失败者。

　　安迪与一家公司进行商业谈判时，在价格上出现了严重的分歧。这时，对方代表突然站起来，冲着安迪挥舞着愤怒的拳头，大发雷霆地说："安迪，你简直就是一个唯利是图的奸商。我恨你，我有绝对的理由恨你！"接着，他竟然恣意谩骂了长达十分钟之久。

　　在场的所有人，都以为一场争吵必不可免，甚至以为安迪会挥起拳头向他打去，或是立即停止谈判。可是，谁也没想到，安迪竟然一点也不生气，而是恭敬地站起来，用和善的神情注视着这位攻击者。那人越是暴躁，他便越显出和善。对方被弄得莫名其妙，怒气渐渐平息了下来。半小时后谈判继续进行，安迪心平气和地表达了自己的观点。对方代表意识到自己的一时冲动，误解了安迪的意思。最终，双方谈判成功，达成合作。

　　在遇到分歧和争论的时候，"认错"和"宽大"并不是懦弱无能，而是一种难能可贵的美德，一种超越"优越"和"权威"的气场。有了这种气场，人们才会乐于同你交往，你的亲和力才会越来越强。与此同时，这种亲和力也会推动你事业上的成功。

# 向可敬的人致敬

胡佛是一位非常有名的飞行员，胆识过人、技术一流。

一次，他参加完飞行表演准备返回，当飞机降落到距离地面300米高空的时候，飞机的发动机突然熄火了。这对于连同飞机里的另外两个人来说，简直就是灭顶之灾。

在如此危急的时刻，胡佛依靠高超的技艺和过人的胆识，最终把飞机降落在了机场。虽然飞机受到了严重的损坏，但幸运的是人员除了一点轻伤外，没有大碍。走出飞机驾驶位置后，胡佛立即对飞机做了检查，结果发现造成事故的原因是机械师把燃料加错了。走出停机坪，胡佛立刻说要见一下那位帮他维修飞机的机械师。

几乎所有人都以为他要狠狠地痛骂那位粗心大意的机械师。不过这也可以理解，这样大的失误不仅让这架造价昂贵的飞机差点报废，而且险些让胡佛一行三人一命呜呼。然而，胡佛没有这样做。

胡佛见到那位年轻的机械师以后，走过去揽住机械师的肩膀，严肃却又充满力量地只说了一句话："为了相信你不再出现这样的情况，明天要起飞的F-16还要你来维修。"还沉浸在紧张、沮丧、痛悔情绪中的机械师，听到这番话以后，简直不敢相信自己的耳朵，直到胡佛离开以后他也没有醒过神来。自然，这件事情给了这位机械师一次终生难忘的教训。

年轻机械师犯了如此大的错误，胡佛有绝对的理由对他进行批评。出人意料的是，他并没有因为自己有道理，就冲着机械师大吼大叫，更没有得理不饶人。在有理的情况下，胡佛依然保持着一副低平的态度，只是说了寥寥几句含蓄的批评，给予机械师更多的还是肯定与信任。这就是一种气场，一种最能触动人心的力量！想必聪明的胡佛也知道，机械师明白自己所犯的错误时，心中一定充满了愧疚和自责。这时候假如劈头盖脸地训责他，很可能会激起他的反抗。只有拿捏好说话的语气，恰到好处地批评他，才能让他心悦诚服地认识错误，况且这样也可以展现出自己的修养。

可惜，生活中不少人有一种下意识的错觉，总觉得气场强就是说话声音大、气势强、语气坚定，这样能够证明自己占着"理"，从而压倒对方。而心理学家认为，无声语言所显示的意义，比之有声语言要深刻得多。曾有国外的心理学家还就此列出了一个公式：人与人之间的信息传递=7%语调+38%语气+55%表情。这个公式主要强调了无声语言在人际交流中的意义是非常重大的。那些气场强大富有感染力的人，不仅会说话，还善于利用肢体、表情等无声的言语来触动他人。事实的确如此。那些嗓门儿大、习惯用粗鲁的方式进行争辩的人，总是让人厌恶，并难以让人心悦诚服。虽然从表面上看，他们咄咄逼人、占据上风，事实上他的气场早就被"没有修养""刻薄狭隘"掩盖了。

那些真正懂得说服别人的人，从来都不是靠声调来取胜，而是依靠着一股气场。声调提高的时候，证明你已经愤怒了。愤怒是一种情绪的波动，在不冷静的情况下，人的意志力和自控力都会受到影响，不管是言语还是行动都可能会显得"过分"。这时候，你是无论如何也无法让人信服的，只会招来更多对立的东西。有时候，"润物细无声"的柔和比暴风骤雨更有力量。

有位医学教授曾问刚刚入学的新生："用酒精消毒，浓度多大为宜。"

学生们几乎没有经过思考就直接答道："当然越高越好了！"

教授说："不对。"

学生们一脸茫然。教授解释说："酒精的浓度太高了，会让细菌的外壁在很短的时间内凝固，形成一道天然的屏障。这样的话，后续的酒精就没有办法侵入了，那些细菌在壁垒后面依然存活。"这个新奇的理论，学生们还是第一次听到。

教授继续解释道："最有效的浓度，是把酒精的浓度调得相对柔和些，润物无声地渗透进去，效果才佳。"

　　酒精杀灭细菌如此，要在气场上胜过他人，也是如此。咄咄逼人、严声厉色未必就能够胜人一筹，温顺柔和的语言也未必让你气短一截。柔和并不是软弱，而是一种品质与风格；柔和也不是没有原则，而是一种更高境界的坚守；柔和更不是退让，而是一种水滴穿石的坚韧。与厉声指责相比，柔和的言语不仅让你具有亲和力，更能让你彰显出一股"不曾剑拔弩张，依旧扼守尊严"的气场！

# 第九章
## 气场需要心动到行动

在人生的旅途上，能够最终领略美妙风景的，必然是那些强烈渴望登顶，并为之不懈跋涉的追求者。所以，把"坐在前排"当作一个规则试试看，争坐第一排，充分展示自己，是鱼就应跃龙门，是鹰就当击长空，是千里马就应展示出来！假如你做到了，那么你的人生就是另一番景象了。

当然，坐在前面会比较显眼，但要记住，有关成功的一切都是显眼的。

# 勇敢地坐在第一排

回想一下，上大学的时候，每次上课，是不是坐在前几排的人寥寥无几，后面的座位却抢先被坐满了？参加工作后，你也会看到这种现象：公司开会时靠近主席台前几排的位置经常空出一片，极少有人坐，因为那里离领导太近了。

其实，坐前排好处多多：首先听得清楚，好像老师（领导）专门在给前排的几个人讲；其次看得清楚，黑板上的一切，包括老师（领导）的神情都能尽收眼底；第三，坐在前排不会被其他人干扰，还能和老师（领导）有一定的眼神交流。

既然坐在前排有如此多的益处，为何你偏偏相中了后排，或是靠墙的角落呢？你是不是担心处在前排那样瞩目的位子，一旦被老师（领导）拎起来回答问题会很尴尬？因此，你选择后面的位子，这样，被领导提问的可能性就小一些，而且身后的眼睛少一点，你也会感觉轻松和安全一些。

这个问题先放在一边。我问你，你知道世界第一高峰是哪座山峰吗？如此小儿科的问题你肯定会随口答来：珠穆朗玛峰。那么，世界第二高峰呢？这下答不上来了吧！可见有时屈居第二与默默无闻毫无区别。

我再问你几个问题：假如是演讲会，演讲者发名片的话，谁最有可能得到？一定是坐在前排的人。假如是场面试会，谁能首先获得面试的机会？同样是坐在前排的人。要是人多的话，你认为面试者有可能面试到坐在最后一排的人吗？现实生活中，每次开会或者参加庆典的时候，那些领导或者社会名流都坐在前排，并且在自己的桌上亮出自己的名字，事实上，我们真正能记得的，也就是那些坐在前排勇于亮出自己的人。在这个人才辈出的社会里，坐第一排才能亮出你自己，才能更引人注目，才有机会被人赏识，才有可能出人头地！

英国有个叫玛格丽特的小姑娘，从小父亲就教导她：不管做任何事情，都要争一流，别落在他人的后面。就算是坐公共汽车，也要坐在前排。玛格丽特的学校经常邀请名人演讲，每当这时，玛丽特就坐在前排，她还大胆地向演讲者提出各种问题。回家后，她跟父亲说起这些事，父亲总是鼓励她："孩子，你有这样的信心，我真为你感到骄傲，你一定会成为一个出色的辩论家！"

在父亲"永远都要坐在前排"的教育下，玛格丽特事事敢为人先。上大学时，入学考试科目中要求学五年的拉丁文课程，她凭着顽强的毅力和拼搏精神，硬是在一个学期内全部学完了。令人难以置信的是，她的考试成绩竟然名列前茅。不仅如此，她在体育、唱歌、演讲及学校的其他活动方面都是佼佼者。四十年后，她成了英国的第一位女首相，并成为英国保守党领袖，雄踞政坛达十一年之久，在相当长的一段时间里，她影响了整个英国乃至欧洲，她就是赫赫有名的撒切尔夫人。

在这个大千世界里，想坐在前排的人并不少，而真正能够坐在前排的人却总是不多。许多人之所以不能坐在前排，是因为他们没有坐在前排的勇气。坐在前排，你的每一个细微的行动都受人瞩目。也许你会有些不自在，但正因如此，你才能"被迫"做出好的表现。

有个教授曾要求他的学生毫无顺序地进入一个宽敞的大礼堂并找个座位坐下。反复几次后，教授发现有的学生总爱坐前排，有的学生则盲目随意，还有一些学生始终坐在后排。教授分别记下了他们的名字。十年后，他再对这些学生进行调查，结果发现，爱坐在前排的学生中，成功的比例高出其他学生很多。

在人生的旅途上，能够最终领略美妙风景的，必然是那些强烈渴望登顶，并为之不懈跋涉的追求者。所以，把"坐在前排"当作一个规则试试看，争坐第一排，充分展示自己，是鱼就应跃龙门，是鹰就当击长空，是千里马就应展示出来！假如你做到了，那么你的人生就是另一番景象了。

当然，坐在前面会比较显眼，但要记住，有关成功的一切都是显眼的。

# 让自己忙起来就不烦了

萧伯纳有句话说得很好："让人愁眉苦脸的秘诀就是，有充分空闲去想他自己的伤心往事。"

许多人之所以整天郁郁寡欢，是因为有太多的闲暇时间去衡量自己是否幸福，咀嚼那些伤心的过往，或是为某件事而担忧。假如你留心观察那些在实验室从事研究工作的人，会发现他们很少因焦虑、恐惧而精神崩溃，因为他们忙得根本没有时间去"享受"这些。

詹姆斯·莫塞尔说："忙而忘忧，忧虑最容易伤害无所事事的人。"假如你感到烦恼，最好的办法就是让自己忙碌起来，它是治疗忧虑、不安或是恐惧的最佳良药。

欧阳任远是我的好友。一年前，他被相恋多年的女友抛弃了，他非常难过。想起和女友的甜蜜往事，整个人便陷在痛苦中无法自拔。又想到女友和另外一个男的卿卿我我，他就受不了，恨不得将那个人撕个粉碎。每天，他都睡不着，吃不下，无法休息或放松，精神受到致命的打击，信心丧失殆尽，吃安眠药和旅行都没有用。后来，他试着让自己保持忙碌。他先拿出一个广告的设计方案，思索着如何布局才更吸引人，这需要保持高度的专注力才能完成。他发现，整个上午，他的心思都被工作占满了，他第一次超过三个小时没想起失恋这件事。后来，他靠忙碌摆脱了痛苦，逐渐从失恋的阴影中走了出来。

你可能会说，"我的烦恼无法解决"，或者"我的难题根本解决不了"。但是，忙碌会让你慢慢学会忘却。

张大婶的女儿出国了，她整天担心孩子在异国他乡过得不好，怕她会遭遇意外。每天她都不停地想，越想越烦。想打个电话，又怕打扰孩子。她的朋友和她说，你给自己找些事做，那些担忧可能就自行消失了。起初，她确实让自己忙起来了，她不厌其烦地做家务，可是收效甚微。她在擦桌子、洗衣服时，心里还是惦记着女儿。后来朋友将她介绍到一个百货公司做销售员。这样的忙碌果然达到了镇定精神的作用。在那里，不时有顾客向她询问商品价格、颜色等，她没有时间去想工作以外的事情。晚上下班后，她只想躺在床上休息，根本没有精力再去忧虑了。

没有时间忧虑，这正是丘吉尔在战事紧张到每天要工作十八个小时时说的话。当别人问他肩负如此沉重的责任会不会忧虑时，他说："我太忙了，根本没有时间忧虑。"我们不是经常听说"无事生非"这句话吗？假如整天都有忙不完的正事，你还会"生非"吗？你一定会说，哪里还有多余的时间去思考这些无聊的东西呢？

亨利·朗费罗被誉为美国伟大的诗人之一。他在英格兰的声誉与丁尼生并驾齐驱。人们将他的半身像安放在威斯敏斯特教堂的"诗人角"，在美国作家中他是第一个获此殊荣的人。这位诗人也经历了人生的诸多灾难，1861年妻子不幸离世，他几乎发疯。为摆脱痛苦，他翻译了但丁的《神曲》，忙碌使他重新得到了思想的平静。

即使没有遇到烦恼和不幸，假如整天无事可做，人也会觉得异常苦闷。你看那些退休后无所事事、没有地方可去的人，"老"得就特别快。退休前，他们的身体都相当硬朗，退休后，他们的烦恼就多了，身体也不像原先那般健康了，慢慢地，他们可能就会和药瓶子"相依为命"了。还有一些人更可怜，原本健康的人退休后，仅仅三五年的时间就撒手人寰了。

忙一点儿对老年人来说是可行的。孔子老年时，曾用"发愤忘食，乐以忘忧，不知老之将至"来形容自己的现状。忙不但可以让老年人忘忧，还能令人快乐起来，精神焕发、潇洒自信、思维活跃。美国有一位叫雷莉丝的儿科医生，她在91岁高龄时开了一家诊所，每天忙碌着，经她治愈的儿童不计其数。更让人惊奇的是，如今她已经100多岁了，仍然在她的岗位上忙着。她说："只要有工作，我就感到其乐无穷。"

其实，无论你的年龄多大，假如你失恋、失业、伤心、孤寂、无聊，那么就去找点事情来做吧！因为忙碌是一种幸福，让你没时间体会痛苦；奔波是一种快乐，让你真实地感受生活；疲惫是一种享受，让你无暇空虚。

当你达到了岁岁忙碌不觉辛的意境时，你的烦恼很快会被冲淡、转移，由抑郁进入动作思考，从动作思考进入新的心境。

忙碌之后，也许你会品尝到成功的硕果，抑或徒劳一场空，不管结果如何，你大可一笑了之，因为你在忙碌中感到了工作和生活的意义，这才是人生最大的财富。

# 要有勇气正视别人

单位里新来了个大学生，文笔优美、工作能力强，长得也很帅气，唯一的不足就是他不敢正视别人。与人交谈的时候，他好像做了错事，神情慌张，眼睛同样"不安分"，视线四处飘移：看对方一眼就慌忙低下头，或是环顾周围，以至于让我们感到跟他在一起一点儿也不轻松。

我相信你也遇到过这样的人。你跟他们交往时有什么感受呢？你会不会想，他在隐藏什么呢？是害怕还是害羞？还是做了什么对不起人的事？你是不是也会对他没多少好感？一个人的眼神确实能透露出许多信息，就拿不敢正视他人来说吧，实际上，这种行为通常意味着此人感到自卑，能力不如对方，对他人存在畏惧、内疚、罪恶感，做了或想到一些不希望他人知道的事。

众所周知，与人交谈时注视人的眼睛是一种基本的礼貌。它暗示了此人是坦诚的，对他人是郑重、尊重和信任的。很多人因为不敢正视他人，不能充分表达自己的内心世界，过多地约束自己的言行举止，以致在人际交往中举步维艰，最终只能蜷缩在一个人的世界中。

所以，不敢正视别人，不但得不到他人的喜爱，还容易让人误解，假如你也有这个毛病，那就快快改掉吧！

首先要根除内心的自卑。不敢正视别人，暗示你也不敢正视自己，说明你缺乏自信。这种情况的产生可能是家庭背景所致：从小性格受到压抑或者是父母没有教会你社交的技能，或经常改变生活环境；或者是心理上的原因所致：自尊心太强，害怕被别人拒绝；或者是对自己的外貌没有信心等。因为存在诸多心理隐疾，你可能"看不起"自己，认为自己"不够好"，同时也觉得别人也这样看你。你需要暗示自己自信、放松，不断地告诫自己"我是最好的""天生我材必有用"。每天，你可以在洗脸的时候看着镜中自己的眼睛，这样鼓励自己两三分钟；或是在自卑来袭的时候，悄然在心中为自己加油。

毕淑敏在《看着别人的眼睛》一文中说："为了我们能够勇敢地注视别人的眼睛并不怕被别人所注视，让我们做一个襟怀坦荡、心灵像水晶般透明的人。"你在看别人时要专注，同时在心里默念："我心里坦坦荡荡，没有鬼，我不怕别人看。"当你跟对方说"对不起"的时候，必须直视他的眼睛，由此传达由衷的歉意；当你下决心要完成某个任务时，注视对方的眼睛能令你增加自信和胆魄。

你可以从小处做起，先由短暂的目光接触开始，从最谈得来的好朋友开始，从观察他的眼睛开始，从中发现有没有热情，有没有诚意，有没有智慧，有没有欣喜等，这样就能逐步克服不敢正视别人的心理障碍。

其实还有一种更简单的方法是：先不要试着正视别人的眼睛，以对方的眼睛为界限，盯住对方的额头或者鼻子，或双眼与嘴部之间的区域。这样不但对方可以感觉到你的真诚，你也不必盯住对方的眼睛看，双方都很轻松。

需要注意的是，在与人交谈时，你的目光停留在对方脸上的时间最好占全部谈话时间的30%～60%，不能死死盯住对方，也不能上下打量，以免对方反感。

再者，每次与对方说话的时候，你还要暗示自己注重事情本身，不要过多地考虑谈话过程中自己的表现，也不必过度在乎对方是否关注自己。你要认识到，别人对你的评价是暂时的、偶然的。你不是世界的核心，别人没有时间和精力去关注你的缺点。你可以对自己说："谁也不会专门盯住我，注意我一个人的。"从而摆脱那种过多考虑别人的思维方式。

其实，偶尔口吃、偶尔脸红是很正常的，接受它们，别把它们当回事，顺其自然，不要刻意要求自己就可以了。关键是要找到自己的优势，相信自己才有的力量。学会欣赏自己，自我鼓劲，通过自己的调整、努力，把与人交谈、接触变成一件快乐的事。

不要紧张了，深呼吸，让自己放松下来！

# 暴走可以使人精神愉快

运动制造快乐已成老生常谈。但你假如有过因运动而出汗的畅快体验，就知道科学并没有骗人。一项运动习惯与忧郁情绪调查显示，心情不好的人，假如去运动，80%的人运动后，忧郁情绪得到了有效的改善。

运动有多种方式，打球、游泳、爬山，我还要透露给你一个小秘密——快步行走。你可能对之不以为然。其实快步行走好处多多，它能防治疾病。被誉为"快走之父"的健身专家斯塔曼博士在其所著的《宁要"快走"不要"慢跑"》一书中指出："每天快走三十分钟以上，糖尿病、心脏病、骨质疏松症以及乳腺癌的发病率均大幅下降。"快步行走不只是对健康有帮助，也是很好的情绪管理训练，它可怡情悦性，使消沉的情绪一扫而光。科学家发现，每天快步行走半小时，能使人迅速振奋精神。他们对44名年龄在18～55岁的抑郁症患者进行测试，让他们每天都快步行走半小时，并规定他们不能服用任何药物。一段时间后，这些被测试者在接受问卷测试时都表示"心情很好，觉得浑身充满活力"。

美国著名医学博士弗勒先生也发现每天十分钟快步行走的益处，他说："很多人都怀疑这个方法，我有个朋友在心情欠佳时随意快步走十分钟后，他跟我说，自己的疲倦顿消，身心畅快无比。这种美妙的感受，能够维持至少两小时之久。"美国威斯康星大学教授说："走路对于许多消沉者似乎是合理的药方。"那么，为什么快步行走有这个功能呢？

这是因为运动使人产生脑啡肽。脑啡肽是人体内的类吗啡性神经递质，假如你状况正常，它会让人产生满足和愉悦感，假如你心情很糟，它会让你好一些。此外，快步行走能加强心搏，促进血液循环及消化系统的新陈代谢，使大脑得到充分的氧气和营养物质，能使大脑皮层兴奋，从而达到改善不佳心情的目的。

人在健走时比较注意身体的感受和变化，周围的环境也会引起人的关注，这个时候，原本让人心情不好的事情就会逐渐淡化、转移，或减轻原来精神上的压力和郁闷情绪。这也是健走能够走出好心情的一个重要原因。

那么，何谓快，何谓慢呢？按照速度，时速在3公里以内称散步，时速在3.6公里叫慢行，时速在4.5公里则为快步行走。据此，快步行走十分钟应该是走1公里左右路程。我建议你每周至少行走两次，每次至少二十分钟，并不断增加行走步率。对于一般人来说，也可以采取由慢到快的方法。快步行走需掌握以下要领。

（1）行走时要抬头挺胸，身体笔直，手臂尽量摆大，步伐也要大，速度要快，保持呼吸均匀。

（2）注意给自己积极的心理暗示，在健走过程中调整生理与心理。这样，烦恼一定会全部走掉，好心情随之而来。

（3）健走的时候保持微笑，调整呼吸，有利于心态的迅速改善。

（4）选择风景优美的路线健走。人的心情也会受到外界环境的影响，在太过于压抑和萧条的场地健走非但心情不会变好，还可能越来越糟。

古人说得好："流水不腐，户枢不蠹。"每个人都会因运动而振作起来，请相信这一点。当你感到情绪低落、做什么事情都提不起劲之际，或身心紧张时，或在生活、工作中遇到了挫折、受了委屈又苦于无法解决时，或是有了没来由的恐慌时，不妨快走上十几分钟，使心理恢复平衡。或许你在心情不好时懒得动，可是，一旦做完后，快乐感会迅速提升，你的心情就会好一千倍。

别再坐在那里了，从明天起，做一个健康的人，每天疾行半小时，它不仅实用、低碳、环保，还能让你走出快乐新生活！

# 神奇的小细节令你不怯场

　　你有过怯场的经历吗？紧张时你会有哪些动作？比如，用手转笔、摘掉眼镜或去推眼镜框，不时地整理自己的衣服或头发，在不知不觉的情况下跷起二郎腿。

　　在人的一生中，谁都有怯场的时候，比如升学考试，参加工作时的面试、相亲、在公共场合讲话，或是第一次登台表演、第一次与恋人约会，等等。有的人甚至在上课时只要一听到老师说"请同学回答问题"就紧张，生怕老师喊到自己的名字，更害怕到讲台前去讲话。毋庸置疑，每个人都希望自己在任何场合都能够思维敏捷，发挥出自己应有的水平。现实却常事与愿违，我们的心理很不给面子，它紧张得要命，以至于让我们面红耳赤、满头大汗，甚至垂头跺脚、手发抖、脚发麻、大脑一片空白。

　　其实，怯场不只你有，好多名人也有怯场的经历。丘吉尔当年在演讲台上脸色发白、四肢颤抖，直到被轰下台去；林肯在最初走上演讲台时恐惧得甚至连一句话都说不出来；美国的雄辩家查理斯初次登台时两个膝盖抖得不停地相碰；印度圣雄甘地首次演讲不敢看听众……看到了吧，不少名人曾经怯场过，与你不相上下。

　　你一定知道著名散文家沈从文吧。据说，他第一次走上讲台时，慕名来听课的人很多，他竟紧张得不知说什么了。很久之后，他才慢慢平静下来，开始讲课。然而原本要讲授一个课时的内容，被他三下五除二地十分钟就说完了。可是，离下课时间还早呢！他再次陷入窘境，后来他急中生智，转身在黑板上写了一句话："今天是我第一次上课，人很多，我害怕了。"全场爆发出一阵善意的笑声。后来沈从文找到了失败的症结，终于能挥洒自如地讲课了。

美国前总统罗斯福说："每一个新手常常都有一种心慌病。"事实上，当怯场现象发生时，只要有所准备，掌握必要的技巧，你也可以顺利度过这一危机期。

你可以随身带个自己熟悉的、常用的小玩意儿，像旅行剪刀、钢笔、纽扣、打火机、钥匙串、小型计算器等，以备必要时玩玩，调节紧张情绪。怯懦或紧张时摆弄摆弄自己熟悉的东西，可以起到一定的缓解作用。因为你对这个东西极为熟悉，看到它会油然产生一种亲切感和可靠感，无形中会给你一种胆量，还可以分散你过于紧张的情绪，帮助你活跃思维，打开思路。不过，凡事皆有度，玩弄小玩意儿也要注意分寸。不然，别人会以为你对他的话题不重视，或是对他本人不够尊重。

《现代汉语词典》对紧张的解释是："精神处于高度准备状态，兴奋不安。"看来紧张也不完全是坏事，至少说明你还能兴奋，对事对人还会认真。假如你能这样想，或许心里会平衡一些。

成功学大师卡耐基曾说过："一个人事业的成功85%取决于心理素质，15%取决于智力水平。"你要学会转移自己的情绪，力微不示弱，临场不怯场，万不可事情还未开始，就被自己打败了！

假如经常告诉自己："我叫不紧张！"那么你遇事就有定力了。

# 第十章
# 给自己注入快乐气场的元素

林肯说过："大部分人只要下定决心都能很快乐。"境由心生，快乐来自内心，而不是来自外在。要寻找快乐，只需专心去思考快乐这件事。有了快乐的情绪，你就能感到快乐。

假想快乐是一种生活态度，是一种应对生活的能力，是一种有益的心理暗示。懂得了控制情绪的方法，你就站在了快乐的一方。尽管不如意占了生活的大多数，但只要你决心做个快乐的人，让自己开心起来并不难。

# 你怎么装，心情就会相应改变

人生在世，谁都想过得开心一点，但是生活中总有那么多的困难、无奈、不如意，怎么可能开心起来呢？或许只有得道高僧能够活得逍遥自在吧。

不可否认，我们的生活不可能一帆风顺，在面对困难、挫折的时候，烦恼和抱怨也无济于事，还不如让自己开心一点，或许还能获得转机。可是要怎么才能时刻保持快乐的心境呢？很简单——"假想快乐"。

林肯说过："大部分人只要下定决心都能很快乐。"境由心生，快乐来自内心，而不是来自外在。要寻找快乐，只需专心去思考快乐这件事。有了快乐的情绪，你就能感到快乐。这看起来或许有点儿自欺欺人，但也有一定的科学性。

对此，一位心理医生解释说："假想快乐能迅速调节心情，使人摆脱不良情绪的干扰。从医学角度来说，人在伤心时，新陈代谢会减缓，导致精力衰退、兴趣全无。假如想象自己是开心的，并辅之以愉悦的肢体语言，就能带动人的情绪。哪怕是强迫自己微笑，你也会发现内心开始涌动欢喜，所以假装快乐，你就会真的快乐起来，这就是身心互动原理。"

世上有很多人都是靠类似的假想快乐过活的。我曾在报纸上看到过这样一个故事：

一个养路工在五年中经历了几件事：儿子高考名落孙山，妻子患病住院半年，家中被贼洗劫一空，自己在马路上工作时被汽车撞断胳膊。这些倒霉事让谁遇到，谁都会愁眉不展、怨天尤人。可他却依然很快乐，每天都带着微笑。周围的人都夸他心态好，他说："你们都不知道，我的高兴是装出来的。家里出过这么多事，我也很难过，但难过能解决问题吗？所以，我要假装快乐，当妻子看到我的笑脸后，她就不会担心了，会对治愈疾病更有信心。至于其他的事，更没什么大不了的，孩子没考上大学，还可以再考。家中财物被盗，我们还可以再买。但我不能垮掉，我只能假装快乐。后来我发现，假装快乐也可以让我真的快乐起来。笑是免费的，快乐不用花一分钱，但它们却能伴随我渡过许多难关。日子怎样都是过，我为什么不快乐着过呢？"

细想，这个养路工所言也确实在理，人活着，须有一颗快乐的心。人生短暂如白驹过隙，既然来到这个世界上，烦恼也是一天，快乐也是一天，我们何不让自己快乐着过日子呢？

假想快乐是一种生活态度，是一种应对生活的能力，是一种有益的心理暗示。懂得了控制情绪的方法，你就站在了快乐的一方。尽管不如意占了生活的大多数，但只要你决心要做个快乐的人，让自己开心起来并不难。

天会常蓝，鸟会常啼，花会常开，经常假想自己快乐，笑容就会常在，心花就会常开，幸福就会永驻。一切就这么简单。

# 失败面前，更要风度翩翩

1914年12月，67岁的托马斯·爱迪生苦心经营的实验室毁于一场火灾，损失超过300万美元，而他的保险金额只有40万美元。更糟糕的是，他的学术论文集、所有的图样和笔记也在大火中付之一炬。让人猜不到的是，火势正旺的时候，爱迪生正在不远的地方望着熊熊燃烧的烈火。他异常冷静，微笑地看着火焰一点点地蔓延。他对儿子说："你母亲去哪儿了？去，快去把她找来，她这辈子恐怕再也见不着这样的场面了。"第二天早上，爱迪生看着一片废墟说道："正好，大火烧去了所有的错误。感谢上帝，我们又可以重新开始了。"三个星期后，他又开始研制留声机了。

假如我们也遇到上述的挫折，是否也能表现得如此坦然？恐怕你我都受不了刺激，不说跳楼，至少也会唉声叹气，搞得家无宁日，要一两个月才能完完全全地恢复过来！

拥有亿万资产的泰国商人施利华，在1997年时曾遭遇了破产，当时，他也和爱迪生一样，说了一句话："好哇！又可以从头再来了！"他从容地加入街头小贩的行列，卖起三明治来。一年后，他东山再起。

输得起与赢得精彩同样重要。没有人能保证人生时时都会赢，马有失蹄、人有失手。假如你把挫折当作心中的顽石，让自己无法呼吸，你就可能被风雨击倒，再也没有搏击的勇气了。既然人生无法摆脱失败的遭遇，我们就要微笑着面对失败，做到临危不惧，坦然一笑，拿出输得起的气概。一个人即使失败，也要风度翩翩，这样的人一生都不会低沉消极，永远能保持乐观的姿态。

麦凯恩与奥巴马同时竞选美国总统，结果麦凯恩以失败告终。奥巴马宣誓就任之后，麦凯恩面对众多的支持者，真诚地宣称："他（奥巴马）是美利坚合众国的总统，我的总统。每一个美国公民都应该支持他。"

仅此一句，广场掌声雷动，全世界也为之叹服。成败荣辱不全在于胜负，输一样可以轰轰烈烈，一样可以赢得他人乃至对手的尊重。

美国南北战争中南方军惨败，一向骄傲的南方兵不甘失败，他们强烈要求司令李将军上山打游击，誓死不向北方军投降。李将军却对大家说："打输了就是打输了，我们必须承认。更重要的是我们要输得有风度。"北方军的统帅被李将军的风度深深折服，他特地赠送李将军自己最心爱的雪茄。这足可见李将军"输"的风采。

失败时总能保持最佳风度并不容易做到，这种心理暗示是在长时间的磨砺中形成的，需要平日的积累。尤其在比赛中，当竞争落下帷幕的时候，谁输谁赢已不再重要。赢得真实，输得坦荡，这才是真正的君子风度。

在2018年世界杯申办失败后，英格兰申办代表团成员纷纷表达了自己的失望和愤怒，贝克汉姆则展示了英国男人固有的绅士风度，他说："我们很失望，但我们真诚地祝福俄罗斯，我确信他们能让国际足联骄傲。"

奥运会女子体操冠军科马内奇，在遭受失败和挫折时，教练对她说："要学会输得有风度。"我希望你也能记住这句话。输了就气急败坏，或是唱衰对手，无端地散布风言风语去贬低对手，这样既伤了别人情感，又失了自家风度。拒绝承认失败，只会让别人瞧不起，因为你不但技不如人，连风度也很差。不要输了比赛也输了人格。旧时演武场上，赢者抱拳，口称"礼让"，输家拱手，言及"领教"，有风度地退场。这种君子之争的风范与场面或许能多少给看客留一点喝彩的机会。

你想要成功？很简单。只要你能暗示自己潇洒地面对失败，并对自己说："OK，我承认失败了，这没什么大不了！我能在失败中站起来！"承认现实之后再大步往前走，终会成功的。

# 失去的是礼物，眼前的才是幸福

有个士兵在一次战役中受了伤，他在手术台上醒来时，听到医生安慰他说："你再睡一会儿就好了，唯一不好的是你的一只脚不见了。"士兵听后说："这只脚是我自己不要的。"

面对"失去的"，我们不妨也学学故事中的士兵，将其看作是自己"不要的"。这样可以让自己改变想法，跳出绝望的深渊。

比如一位千万富翁，很可能因为失去了200万元而郁郁寡欢，他可以当那些钱本来就不属于自己，是自己不想要的。这样思考可以帮人脱离苦海，让负面情绪有个更为合理的解释和宣泄渠道。同时，将"失去的"当作"不要的"，有"自己抛弃的"意识在里面，是按自己的意思处理掉，使你对它不再眷恋、不再感到惋惜。这样，你也不至于无所适从了。

遗憾的是，我们大多把"失去的"看作是不应该的、不正常的，为之心绪缠绵、长吁短叹，甚至难以自拔。人们总爱说："我要是在五年前买房就好了！""我本来想留在大城市工作的，那份工作也不赖，却因为家庭原因回城，如今想来真是我人生中最大的错误！""我前女友（男友）温柔体贴，可是我当初却没有好好珍惜，现在真是后悔莫及！"可是，既然已经失去了，无法挽回了，何不变换立场，改变自己的感受呢？

一个老人在高速行驶的火车上，不小心把刚买的一只皮手套掉到了窗外，周围的人倍感惋惜，不料老人立即把剩下的那只也从窗口扔了下去。旁边的人都很奇怪，老人解释说："这副手套无论多昂贵，我也不可能为了一只手套而下火车去拾，所以这一只对我而言也没有用了。而拾到掉到车外的那只手套的人，也只有一只手套，对他来说也没有用。现在我将这一只手套也扔下车，那个人就能拾到一副手套，这比我抱守残缺不是要好得多吗？"

这则故事让我想起《孔子家语》里记载的一件事：一天，楚王出游，遗失了他的弓，手下人刚要去找，楚王说："不用了，我丢的弓，反正是楚国人捡到，又何必去找呢？""人遗弓，人得之"应该是对得失最豁达的看法了。既然我不能得到，不妨将"失去的"视为"不要的"，去成全别人！

其实，人的一生就是一个不断得而复失的过程，"得到的"不一定始终是你的，"失去的"也并非就代表着结束，也许是在你能力之外的。一时得不到，也不能说明你一世得不到。上帝对所有人都是公平的，给你一件东西的同时，就会拿走另一件。我们总看到他拿走的，而看不到他给我们的。实际上，我们都曾失去过本该属于我们的自以为很重要的东西，金钱、职位、青春等。没有人始终拥有它们，有得到的那天就有失去之时。因此，失去并不可怕，得到也没有什么可喜；有望得到的要努力，无望得到的不介意；拥有的都是侥幸，失去的也无须大惊小怪或耿耿于怀。

有人总以为自己什么都可以得到：得财富，得佳偶。试问，七十二行，你能择几行？天下美景，能览几处？美好的东西实在太多，但人的生命是有限的，谁都不可能拥有全部。什么都想得到是奢望，什么都怕失去是虚妄，想什么都得到的人往往最终会什么也得不到。很多的事情是无法抗拒的，假如此时你用"失去的就是不要的"安慰自己，就会发现那是另一种意义上的获得。

# 没有时间休息，就会有时间生病

人生只有一次，活着是一件非常美好的事。但这却是被很多人忽视的常识。有的人为了事业不顾一切地拼命干，八小时之外都上满了弦，没有一刻轻松的时候。虽然工作的意义重大，努力工作除了可带来名声之外，还可带来财富、权力及擢升。但腾不出时间来休息的人，迟早会腾出时间来生病的。

这样的事在现代生活中有很多：2009年的一天，一个叫田金勇的人在穿越十字路口时突然身子前倾，扑倒在地。医护人员赶到现场展开抢救，仍未挽回他的生命。田金勇才32岁，在一家IT公司上班，他身后留下一对才一岁零两个月的双胞胎女儿。他的父亲说，儿子走的头一天，忙到凌晨1点才上床睡觉。

2006年5月28日晚，年仅25岁的胡新宇因工作任务紧迫持续加班近一个月，导致过度劳累，全身多个器官衰竭，随着心跳的停止，永远告别了人世。

以上这两个是真实的故事，就是要劝告你无论何时、何地、何事都应该把自己的健康放在第一位，名利地位都是第二位的，没有健康的话其他的都是零。也许你的身边也曾有类似的案例发生，某位朋友、同事、领导，十足的工作狂，突然有一天发病身亡，让你备觉痛惜。别总以为自己没问题，总以为身体能扛住，等到你真正发现问题时就晚了。年老时我们需要花费很大代价换回的东西，很可能就是我们年轻时不经意间失去的东西。仔细想一下，你的钱袋鼓起来了，身体却吃不消了，生存的本钱没有了，你又如何去打拼呢？生命中最宝贵的其实就是健康，为了多挣一些钱而损害健康太不值了。即使有上万个理由让你为了完成任务而不顾一切，也无法改变"有多少生命可以重来"的答案。在这个世界上有许多人在没有走完他应走的人生旅程之前，就长眠于地下了，就因为他们终年忙于他们的事业及工作，忽略了适当的休息，这是多么值得令人深思和令人感到遗憾的呀！

人常说："人无压力轻飘飘，井无压力不出油。"有压力是好事，若是压力过大，换成谁都会不堪重负的。所以，我劝你，不管工作有多忙，压力有多大，都要多爱惜自己。

你也许记得从小到大，老师都会教导我们要爱父母、爱师长、爱兄弟姐妹，是不是很少告诉我们要爱自己？爱自己，绝不是自私自利，而是强调要学会真的爱自己，关心自己，体贴自己，不让自己太累。假如人连自己都不爱，又如何去爱别人？又怎能孝敬父母、抚养孩子呢？

你我皆俗人，不是铁打的，在一番辛勤工作之后难免积"累"，于是就有了休息之必要。此时，你可以让自己处于"闲置"状态。古人云："一张一弛，文武之道。"有人曾问丘吉尔身体健康、精力充沛的秘诀，他说："我的秘诀是：当我脱下制服时，也就把责任一起脱下了。在家里，我就像一只破袜子那样放松。"陶行知说："适当的休息是健身的主要秘诀之一，万不可忽略。忽略健康的人，就等于在与自己的生命开玩笑。"阿根廷人就很会休息。一些做苦工的秘鲁人或玻利维亚人，在粉刷完一面墙壁或者安装了一个管道后，就会扔下手中的工作相约去喝杯咖啡。

休息的时间不一定要睡觉，有时在办公室里散一会儿步，伸伸懒腰，到洗手间转一圈，或是喝点水，洗个脸，都可以令精神得到放松，使工作的效率大增。有时只要休息三五分钟就有很大作用。

成功永无终结。虽说工作大多身不由己，但是，我希望你感觉到累的时候，能让自己歇一歇。不要让工作成为身体的负担，成为心理的压力，成为生活的痛苦。哲人说，这个时代，人们最大的不道德就是对自己不够好，以健康为代价的财富积累则成为社会最大的不道德。在"健康红灯"面前，你应该停下匆匆忙忙的脚步，或许快乐地工作与诗意地生活就是你快意人生之追求所在。

# 凡事往好处想就会有希望

人活在世上总会遇到这样那样的事情，或喜或忧，或乐或悲，这是正常的事。著名作家林清玄说："我们生命里面不如意的事占了绝大部分，因此，活着本身是痛苦的。但扣除八九成的不如意，至少还有一两成是如意的、快乐的、欣慰的事情，我们如果要过快乐人生，就要常想那一两成好事，这样就会感到庆幸、懂得珍惜，不致被八九成的不如意打倒。"凡事从好的一面去解读，听起来好像是安慰人的客套话，细究起来，其中却有一定的心理学道理。遇事与其往坏处想，让自己着急、生气、上火，心最终被忧虑侵蚀，而又于事无补，还不如看开些，多往好处想，如此，眼前就会出现"柳暗花明又一村"的景象，烦恼就会望风而逃。

有这样的一则寓言：

两个水桶一同被吊在井口上，水桶甲对水桶乙说："你整天闷闷不乐的，有什么心事吗？"

水桶乙说："我觉得咱们的工作真是徒劳，无聊至极。总是这样，刚刚重新装满水，随即又空了下来。"

"啊，原来是这样。"水桶甲说，"我不这样认为。你想啊，咱们空空的来，装得满满的回去，多充实啊！"

同样是装进水再把水倒出去，往好处想，心情就变得不一样了。就算是安慰自己吧，反正事已至此，后悔和哀怨又有何用？把发生的事都当作正确的、难以逃避的，然后勇敢地接受它吧！俄国大文学家契诃夫在《生活是美好的——对企图自杀者进一言》中说：

假如火柴在你的衣袋里燃起来了，那你应当高兴，而且感谢上苍：多亏你的衣袋不是火药库。

假如有穷亲戚上门求你帮助，不要板着脸，要欣慰地说："幸亏来的不是警察！"

假如你有一颗牙疼起来，就该庆幸：幸亏不是满口的牙都痛起来。

假如你被送进警察局，也要乐得跳起来，幸亏他们没把你送到地狱的烧炉里。

假如你挨一顿棍棒打，就该蹦蹦跳跳叫道："我多走运，幸亏他们没有拿带刺的棒子打我。"

往好处想就是相信任何事情的发生必有其目的，并且有助于我，它会让你至少有两种收获：一是拥有比旁人更好的心情、更稳定的情绪；二是拥有比旁人更多的盼望，从而就能产生更大的努力动机。

凡事从好的一面去解读，我们就能像贝多芬那样骄傲地大喊："生活这样美好，活它一千辈子吧！"

# 生活中什么事让你不安

57岁的何琳一想到即将退休就愁肠百结、烦躁不安。

26岁的梅梅一乘坐电梯就有恐惧感。

18岁的阿强一想到过几个月要参加高考了，就双腿直发颤、肠胃不适。

几乎所有年龄阶段的人都有不安的心理，不安是最常见的心理障碍。比如，在考试和面试时我们会感到不安，有时还毫无理由地感到不安。大部分的不安感不会维持太久，也不会像预期的那样有大事发生。所以千万不要害怕不安，其实不安的根源始终都在我们的心里。探索不安是驱散不安的第一步。

你们都知道杯弓蛇影的故事吧！

乐广邀请一位好友到家中喝酒。二人边喝边聊，都很高兴。突然，好友放下酒杯，脸上显出惶恐不安之色，一会儿便起身告辞。几天后，乐广听说好友病了，便登门看望，并询问病因。好友支支吾吾地说："那天在你家喝酒的时候，我仿佛看见酒杯里有条小蛇在游动，心中就很不自在。我喝了那酒，回来后总觉得肚子里有一条小蛇。就这样，我就病倒了。"

回家后乐广就去上次喝酒的地方查看，忽然发现墙上有一张弯弯曲曲的弓，他这才明白朋友说的那条小蛇原来是墙上的弓在酒杯里的倒影。他又请朋友来喝酒，让好友坐在上次那个地方。好友一低头，又看到杯子里有条小蛇在游动，吓得脸色苍白。乐广指着墙上挂着的弓，说："你看，杯中的蛇是这张弓的影子！"随后，乐广把墙上的弓取下来，杯中的小蛇果然没有了。朋友了解到真相后，疑惧尽消，病也就完全好了。

乐广的好友被假象所迷惑，陷在不安中，差点儿送了命。乐广喜欢追根问底，终于揭开了"杯弓蛇影"这个谜。这告诉我们，当我们不安时，也要问一个为什么，通过调查研究去努力弄清事实的真相，如此，不安自会消失。

不安在精神分析学上大都是指"预期不安"，即不知什么时候会发生可怕的事情，是在无意识中油然而生的一种担心。假如你仔细琢磨自己的不安，就会发现它们只不过是一个个"假设"。许多人都会产生一些无法实现的设想，而这些设想往往是不祥的。例如，假如我失业了、房子断供了、银行继续加息了；假如我患上癌症；假如爱人背叛了我；假如孩子被他人拐走；假如我将一直孤独、负债……人们很容易把一件简单的事情想复杂，并由此推断更加糟糕的后果。但事情通常都不是你想的这么糟，有时你会愚蠢地吓到自己。

有些不安是外在的。比如，同事指责你："你总把账目弄糟！"好友无意中说："你的丈夫看起来很花心，你可得小心为妙啊！"

无论不安来自哪里，你都要意识到它是一种自然现象，过分计较不安只能使你的心情变得更糟、更恐慌。要搞定事情，先搞定心情。你可以先评估目前的不安对你生活的影响，然后面对它、接触它、了解它。真正令你不安的可能是你觉得自己没有能力去应对某些失去。此时，不妨问问自己："最坏的情况是什么？"然后，接受事情最坏的结果，准备和它抗争到底。

总之，你要了解不安的发生原因，并截断它的恶性循环。当你认清并理智地掌握了不安的各个方面后，就不再把它视为某种莫名的能在不知不觉间攫住你的自然力了。

# 其实，你也是成功者

假如我问你：你认为自己成功吗？你算得上成功者吗？你可能感到茫然和疑惑，继而彻底否认道："我算什么成功者啊，你都看到了，目前混得一事无成……"然后就是没完没了、无休无止地发牢骚。

你仔细想想，从小到大，纵然你也许有很多的遗憾和无奈，也曾数次被残酷的现实碰得头破血流，但你真的没有一件事做成功吗？

当然是不可能的。在你看来，也许成功就等于成名，至少也得有车、有房、有钱、有地位。但是，这些永远没有止境，你有钱，还有人比你更有钱；你有奔驰，还有人有保时捷；你有200平方米的大房子，还有人有1000平方米的别墅……假如你注重追求物质和功名，就会让自己痛苦不堪。那么，成功到底是什么？

为证明成功，我们付出的太多。可是，实际上成功是无须旁人认可的，更不需要别人来裁判。在生活中，不要把成功的刻度画得太高，也不要把成功看得过于神圣。否则，我们就会失去一份应有的信心，面对困难时，就会望而却步。

其实，我们努力地追求成功，往往不是为了获得多少个人财富，也不是为了开怎样豪华的跑车和住如何宽敞的别墅。成功并不是非得成名，它是一种结果，更是一个过程，一个不断挑战自我、战胜自我的过程。哪怕是一件在他人看来微不足道的小事，对于你来说也算是天大的成就。比如，你在某方面的设计获得了领导们的一致好评，这也算成功；你拿到了部门里最高的奖金，这也算成功；你终于鼓足勇气敢在大会上发言了，并轻松地和同事们商讨工作，这也算成功；或许，不太懂电脑的你，自己安装了一个杀毒软件，这也算成功。

假如你能意识到我们每个人都是成功者，并把自己的每一次进步，哪怕只是很小的一点进步，都看作是人生中的一次成功，并认真地去品味一番，那么幸福和快乐就会常伴在你的身边。假如你总认为自己没有成功，距成功是那么遥远，那么，诸多烦恼、忧愁就会缠绕在你的左右。

一个人并非时时刻刻都处于成功的辉煌中，即使处于人生的黯淡时期，你也要用心去感受、去努力。谁的人生没有坎坎坷坷，谁又能不遇到几次挫折呢？假如你能百折不挠地走过黑暗和羁绊，失败时不忘过去的成功，成功了不忘还有将来，成功就会在下一刻再次上演。

在这里，我想跟你说的是，成功也是成功之母，放大你成功的感受，你就可以用成功激励出更多的成功来。看到这里，你一定会诧异不已。我给你讲个故事吧！

你一定听说过大仲马吧，他是法国著名作家。但你知道吗？这位文学巨人年轻的时候只是一个流浪汉。他流浪到巴黎，期望父亲的朋友能帮他找份差事。对方问他有何长处，他摇了摇头。就在大仲马惭愧地写下自己的地址转身要离开时，对方说的一句话却让他信心百倍。他说："你的字写得很漂亮，这就是你的优点啊！"哦，我能把名字写得叫人称赞，那我就能把字写漂亮；能把字写漂亮，我就能把文章写得好看！受到鼓励的大仲马，放大自己的成功感受，并以此为起点，笔耕不辍，最终成为世界闻名的大作家。

不要说"这算什么成功"之类的话，放大你的成功感受，你就能像大仲马一样从一个普通的成功中获得取之不尽、用之不竭的动力。那个小小的成功，也许让人不屑一顾，但却能带给你欣慰，鼓舞你乐观、向前、努力。

值得一提的是，虽然由于禀赋、性格、成长环境、发展机遇等的差异，许多人终其一生也不可能成为比尔·盖茨，但只要踏踏实实走好生活的每一步，到老时没有什么值得自己后悔的事，就已经算成功了。

那么，现在请你闭上双眼，像放电影似的回忆一下在自己身上已发生的故事，从中挑选一些精彩的写出来吧！

这样的成功，你有吗？多吗？

# 你是靠明天活着吗

生活，生活，生容易，活容易，生活却不容易。对势单力薄的普通老百姓来说更是如此。没有权贵富豪的家族背景，没有非凡的天赋，遇到伯乐的好事一直没有落到自己身上，抽中百万巨奖也只是永远的美梦，经常操心的是工作、房子、老板、业绩、薪酬、奖金，还有接连不断的麻烦事、伤心事，怎么办？此时，希望你学会忍受煎熬。你可能会说，我讨厌煎熬。有时候我也讨厌煎熬，因为我没有耐心，也没有时间。但凡事只要耐心坚持，结果可能会是另一番样子。

且听我来转述一则故事：

一位女作家应邀访美，在纽约街头看到一个衣着破旧的老太太正在卖花，让她费解的是，这位老太太脸上满是喜悦之色。女作家挑了一束花说："你看起来挺高兴哦。""为什么不呢？一切都这么美好。""你的心态真好！"女作家说。老太太笑着说："耶稣在星期五被钉在十字架上的时候，那是全世界最糟糕的一天，可三天后就是复活节，所以每当我遇到不幸时，就会等待三天，一切都会恢复正常。"女作家若有所思，原来三天之后就是一个美好的明天，怪不得老太太总是那么高兴呢。

你可能会发现，不管活在昨天还是今天，一切都不是那么如意，即便这般光景，你也要暗示自己——度过昨天，就熬得过今天！过了今天，明天还远吗？也许转机就出现在三天后呢。

好友得了急性阑尾炎动了手术，我去探望她。她看起来气色非常好，脸上没有一丝不快，我忍不住问她："你看起来很高兴？"她微微一笑，说："为什么不呢？只要熬过几天，我就又可以去逛街、去上班了！"

　　在苦难与病痛面前，乐观的朋友选择了"熬得过"的心态，这何尝不是一种人生的哲理。冯梦龙《喻世明言》上记载，宋朝有个叫蒙正的宰相，小时候被父亲遗弃，受尽人间贫寒冷眼，曾与母亲一起住在寒窑里，以乞讨为生。一天，他饿得头晕眼花，只好向人赊了一个瓜。他迫不及待地把瓜拿到桥栏边，想把瓜磕开，好赶紧填饱肚子。不料，他一失手，瓜掉在了桥下。就这样，他一口都没吃到，瓜就被水冲走了。满心凄苦的他捶胸顿足，击栏长叹一声："苦啊！"那一刻，他的绝望到了顶点，甚至想从桥上跳下去。但他还是挺了下来。后来，他发奋读书，最终官至极品。

　　人生总会有磨难，总会有"山穷""柳暗"的时候，你可以叹几口气，可以用这段时间审视自己的不足，也可以稍作歇息，却不能怨天尤人，躺下去就不起来了。有些事情并非你想象的那样难过、那样让人无法忍受，什么事情都会过去的。只要你将眼光放得稍远一些，相信自己熬过了昨天，就可以过得了今天、明天，再等待三天、三月、三年，或许彼岸就是柳暗花明。即便不能完全实现所愿，也不至于垂头丧气、无精打采地耗过昨天和今天啊。既然这样，何熬而不为呢？

　　看看下面这些我们耳熟能详的事情，他们之所以取得了如此大的成就，不也是经过了漫长的煎熬吗？我国古代大医药学家李时珍写《本草纲目》花费了二十七年；进化论创始人达尔文写《物种起源》用了十五年；天文学家哥白尼写《天体运行论》用了三十年；大文豪歌德写《浮士德》用了六十年；郭沫若翻译《浮士德》用了三十年；马克思写《资本论》用了四十年。这些中外巨人的伟大成果无一不是理想、智慧与毅力的结晶。在成功的道路上，你没有耐心去等待成功的到来，那么，你只好用一生的耐心去面对失败。

　　明天很美好，你能熬过今天吗？

# 第十一章
## 平息别人的气场，做最好的自己

你可以不淡定，可以不优秀，可以不成熟，也可以退缩。但你要善良、要勇敢，更要真实。做你最原始的自己，比做任何人的复制品都来得好。你是个什么样子，就让它保持那样儿。正因为每一片叶子都有它独特的地方，这世界才会如此精彩。

# 这样做别人才会更重视你

有个大男孩说："为什么我总不能得到别人的重视？同事们聊天的时候，我常被晾在一边。虽然我知道他们不是故意的，但我仍然很受伤，觉得自己是一条没有人踩的死狗。有的时候，我鼓起勇气主动和他们搭讪，在他们发表意见时，装作和别人一样感兴趣，并且随大多数人一样赞同或者否定，但我仍然是个'可有可无'的人，最容易被人遗忘。没有人关注我，我说的话也没有人认真听。我来的时候没有人有反应，我走的时候也没有人在意。我感觉自己被世界抛弃了。即使自己再怎么努力地记住他们的长相、名字，可到头来还是发现自己在别人眼中是个连名字都叫不上来的陌生人。我也恨自己不争气，感觉自己在被别人牵着鼻子走，变成了没有个性的人。但我要是有了个性了，那会不会真的变成孤家寡人了？"

他的想法在很大程度上代表着一部分人的心声，这些心声是非常真实的。心理学家说："人类本质中最深化的驱策力就是希望具有重要性。"事实上，我们每个人都希望自己在别人眼中非同凡响，获得真正意义上的"认可"。这样，或许能让我们觉得自己在这个世界上是有期待、有地位的，自己也会好受一些。那种被忽视、被遗忘，甚至是被抛弃的感觉，谁都讨厌。

但现在我告诉你们："受人重视不是最重要的。"记得有位哲人说过："每个人爱自己都超过爱其他人，但他重视别人对自己的意见，更甚于重视自己对自己的意见。"一个把别人的眼光当成衡量自己的标准的人，他的神经永远紧绷着，随时随地地准备替换自己。他的一切都被约束着，这么累的活，何必呢？

成功是一种自我感觉，不是做给他人看的。我无论在什么时候，几乎都坚定地认为自己是成功的，至少到现在一直是这样。你也要把时间留给自己，做自己喜欢的事情，为自己而活。我们有时会忍不住将自己与别人进行比较，认为他人运气好，过得幸福快乐，于是自己愈加不快。可别人真的快乐吗？其实不见得。生活并不是表面上看起来的那样。"子非鱼，焉知鱼之乐"与"子非鱼，焉知鱼之不乐"说的是同一回事。同样，并不是别人说我们怎样，我们就怎样，成功的感觉操纵在自己的手里，别人不可能把思想硬灌输给我们。正如但丁说过的："走自己的路，让别人去说吧！"有些东西是虚的，我们就算努力去抓，也只能扑一场空；而有些东西是实的，我们只要慢慢地去调整，别人就会用实际行动为我们喝彩！

　　"要受重视"是要自己努力争取的。你的品格要端正，能力要突出，心态要好。每个人都有闪光点。哈佛大学教授哈恩曼说："即使你再赢弱、再贫穷、再普通，你仍然拥有别人羡慕的优势。要想得到他人的重视，就要有拿得出手的本事。"

　　有个年轻人自以为才华横溢，无人能敌。参加工作后，他发现领导不器重自己，同事也不认可自己，绝望之下，他来到了海边想结束自己的生命。恰好一位老人经过，将他救起。老人问他为何轻生，他说出了原因。老人从沙滩上捡起一粒沙子，让年轻人看了看，然后扔在不远处。他对年轻人说："去，把我刚才扔的那粒沙子捡回来！""这怎么可能？"年轻人说。老人又从兜里拿出一粒珍珠，像刚才那样随便扔到沙滩上。他又对年轻人说："你能不能把这颗珍珠捡回来呢？""这个好办！"年轻人刚要迈步，老人意味深长地说："现在你是不是明白了，你目前还不是一颗珍珠，所以你不能苛求他人重视你。假如要别人认可你，那你就要想办法使自己成为一颗珍珠才行。"年轻人蹙眉低首，一时无语。

　　有的时候，你必须知道自己是一粒普通的沙粒，而不是价值连城的珍珠。你要想得到他人的重视，自己先要有鹤立鸡群的资本。

　　假如不幸的是你什么都没有，也不必放弃受重视的权利。没有别人的重视，一定要自己重视自己。这个社会里只有地位的高低没有人格的尊卑，我们

　　每个人都有尊严，不要因为他人的脸色而自卑，更不要看不起自己。你要记住，永远都不能卑躬屈膝、低三下四。无论我们走到哪里，都不要有被他人奴役的性格，即便处在社会的底层、人生的谷底，也要看得起自己。如此，你才能得到他人的礼遇和敬重。

　　说到底，假如你不重视自己，别人就不会重视你，你把自己当牛，别人就不会把你当人。

　　明白了这些，放下了包袱，你也就挣脱了自我的束缚。

　　明白了这些，你可能也释然了，但之后就要去改变。改变不可以去选择时间，要从现在开始。

　　是应该采取行动的时候了。

# 你无法让每个人都满意

这个世界很精彩，这个世界很无奈，人活着常是一种"表现主义"，比如，有时候我们总是惧怕别人的眼光，总是担心别人会不喜欢自己，于是被动地迎合别人、依附别人，从而放弃自己的思考、自己的权利，甚至放弃自己的追求，结果只能获得平庸的生活和卑微的尊严！

你也许会反驳："取悦别人能让对方开心，难道这不是件好事吗？""为了人与人之间不那么冷漠，为了社会上多一点儿热情，在某些时候我们取悦他人又何妨呢？"自然，为了博得父母、亲友、同事的开心，我们可以委屈自己，取悦他们，但人在任何时候都不要迷失自己。

此外，我想"取悦"一词应该是有目的性的吧，其中必然掺杂着各种利益关系。我们取悦客户是为了拿下订单，取悦恋人是为了能与之喜结连理。这本无可厚非，但若将取悦搭上功利的目的，就多少让人鄙视了。戴高帽和灌迷汤在一定程度上确实有效，但一味滥用，非但不能博得别人的好感，还会让人心生厌恶，或者以为你另有所图而加倍小心。

还有一种取悦不包含利益关系，却也经常发生。比如，你正忙着自己的事，同学给你打电话邀你去跳舞。碍于情面你答应了，可你并不开心，你还惦记手头上未了结的要事。邻居打麻将三缺一，让你去，你明知要熬通宵，还是在麻将桌前坐下，怕把邻里关系搞僵。

上述的这几种取悦现象在我们身边并不罕见。多数时候，取悦他人并不能愉悦自己，反而让我们感到痛苦、无奈、厌烦。我们之所以咬牙坚持下去，只因觉得取悦别人比取悦自己重要。我们唯恐因自己的拒绝或表现不佳惹怒他人，埋下人际关系的地雷。而且，我们发现，取悦他人能拥有更多的朋友，也让别人更加认同自己，使自己在群体中有一席之地。

事实上，你无法取悦每一个人，无法让所有人都满意。当你试图取悦每一个人时，到最后你却无法使任何人感到高兴，还可能给自己带来麻烦。你会发现，为了讨好这个人，你得罪了那个人。等你想要补偿那个人的时候，又会惹恼其他的人。而且，你越想讨好别人，就越会使你的敌人增加。

再说，无论你做得多好，很多人依旧不喜欢你，贬低、轻视或忽略你。即使你没有招惹任何人，仍然会有人看不惯你，仍然会有很多不利于你的传言。对某些嫉妒心强的人来说，你不需要特意去招惹他，你在某方面比他优秀，这就已经招惹到他了。

取悦别人还会让我们疲惫不堪，让我们一直被不安所笼罩，让我们对自己非常不肯定，需要别人的赞许来维护我们的安全感。假如我们活着是为了别人，那么这一生有什么快乐可言？看看你周围，有多少人一辈子都在扮演"别人希望的角色"，无法过自己想过的人生？我认为，与其辛苦地取悦别人，倒不如取悦自己。作家吴淡如说："每个人心中都有一首歌，即便没有掌声，我们也能歌唱，也能取悦自己。"我们应不在意别人的指点，不听别人的议论，行天下事，取悦自己。为自己活着，才会有很多快乐伴随着，才会活出你自己。这并不是自私，而是人生的真谛。

有个诗人写了很多作品却无人欣赏。他向禅师讲述自己的烦恼。禅师指着一株茂盛的植物说："你知道那是什么花吗？"诗人看了一眼植物说："夜来香。"禅师说："夜来香只在夜晚开放，所以大家才叫它夜来香。你知道它为什么白天不开花，而只在晚上绽放吗？"诗人摇摇头。禅师说："它开花只是为了取悦自己！"

诗人吃了一惊："取悦自己？"

禅师笑着说："白天开花是为了博得人的赞赏，而夜晚开花是为了让自己快乐。一个人，难道还不如一株植物吗？"

我们活着不是为了讨得某个人的欢心，而是让自己快乐，做个有意义的真实的自己。照他人的模式生活，牺牲真正的自我，是普天下最愚蠢的事。

最后为你的人生"付账"的只能是你自己。做真实的自己，不要为了取悦别人或试图成为某个人而活着。

你应该对自己说："假如你讨厌我，我一点儿也不介意，我活着不是为了取悦你。"一个人有一个人的天性，一个人有一个人的活法。这个世界上独一无二的你，需要按照自己的态度去生活。

你可以不淡定，可以不优秀，可以不成熟，也可以退缩。但你要善良、要勇敢，更要真实。做最原始的自己，比做任何人的复制品都来得好。你是个什么样子，就让它保持那样儿。正因为每一片叶子都有它独特的地方，这世界才会如此精彩。

# 不要太在意别人的负面评价

在日常工作和生活中，不管我们做得多好，都会有人批评，更何况有时我们做得确实不好。古人云："益则收，害则弃。"对于正确的批评，我们应该接受，哪怕言辞激烈或只有百分之一的正确；哪怕对我们出言不逊，只要他的动机纯正，我们都应该欢迎。但对于纯属恶意的人身攻击、诽谤、诋毁、中伤，我们大可一笑置之。

美国前总统克林顿在白宫的一次谈话中说："假如要我读一遍针对我的指责，更不用说逐一做出相应的辩解，那我还不如辞职呢！我只要做好自己该做的事，假如结果证明我是对的，那么无论人家怎么说我错都是无关紧要的；假如结果证明我是错的，那么即使花十倍的力气来说我是对的也毫无用处，还可能招致更多的指责。"

有人批判爱因斯坦的相对论，扬言说有100个人一起论证相对论的谬误。爱因斯坦淡淡一笑，说："何必劳烦那么多人，只要真的能指出我的错误，一人足矣！"

现实生活中，只要你有所建树，光彩照人，就难免碰到无端的指责、处心积虑的攻击或蓄谋已久的凌辱。从这一角度看，当你遭到诋毁时，反倒应该觉得庆幸，这通常意味着你已经获得成功，并且为他人所注意。正因你极具重要性，别人才会去议论、去关注、去污蔑你。此时，假如你针锋相对，有可能会陷入别人设计的圈套中，你会因难以自拔而耽误你应该做的正事、要事。事实胜于雄辩，真正有效、有意义的辩解是运用持续的行动，假以时日去证明自己当时的正确，对自己进行辩解，显然浪费时间。

有位咨询专家在做一次大型的演讲时，一名听众抓住一个枝节问题向其发难，说了很多侮辱性的话，企图诱使演讲者卷入一场毫无意义的口舌之争。但演讲者听到一大堆羞辱自己的话之后，只说了声"OK"，便接着演讲。结果，这名听众自讨没趣，此事也就不了了之了。

既然他人所批评的根本就不存在，无聊至极，也就无须去理会，更不必放在心上。假如你跟他们理论一番，岂不与他们一样无聊？不仅如此，还会让那些诋毁你的人高兴，而你却要因此受到伤害。美国前总统林肯说："只要我不对任何诬陷、诽谤做出反应，这件事就只能到此为止。由于我正是这么做的，所以到最后一切责难都毫无意义。"著名作家巴金先生说："我唯一的态度，就是不理！"任何时候，只要你相信自己是对的，不管他人怎么说，发出多么难听的批评，你只要做好你自己就可以了。

有个小和尚向禅师诉苦："东街的大伯称我为大师；西巷的大婶骂我秃驴；张家的大哥赞我清心寡欲、四大皆空；李家的小姐指责我色胆包天，凡心未了。我究竟算什么呢？"禅师指了指身边的一块石头，又拿起一盆花，小和尚恍然大悟。

你明白了吗？禅师的意思是说，石头就是石头，花就是花，自己就是自己，根本不必因为别人的说三道四而烦恼，一味纠缠于是非只能使自己身心疲惫、方寸尽失，是得不偿失的。在这一方面，唐代的狄仁杰可谓深得其旨。

狄仁杰是唐朝宰相。一天，武则天问狄仁杰："听说你在豫州的时候，名声不错，政绩突出，但也有人揭你的短，你想知道他是谁吗？"狄仁杰立刻回答道："人家说我的不好，假如确实是我的过错，我当恭听改正，假如陛下已经弄清楚了不是我的过错，这是我的幸运。至于到底是谁在诽谤、诬陷我，如何诬陷，我都不想知道。这样大家可以相处得更好些。"

很多人容易被他人无聊的批评搅乱心智，甚至反唇相讥；有的人面红耳赤、忐忑不安；有的人暴跳如雷、恼羞成怒；有的人咬牙切齿、仇恨满胸；有的人虚心接受，就是不改；有的人表面接受，心里怨恨，寻衅回击。我们何不像狄仁杰那样，不理会这些无聊的人，显出自己的度量来。

最后，我问你一个问题：当一个人送东西给你，你不接受，那么，这个东西属于谁呢？——你可能不假思索地回答："当然属于送东西的人。"这就对了！假如你不接受他人的无聊批评，那么那些批评又属于谁呢？

不回骂并不代表道理不在自己这边，何况就算回应亦可以有理、有利、有节，假如你认为自己真的没有必要接受批评，可以表示出遗憾的态度。但这和认错不一样，因为这只是一种礼貌，能显示出你的修养和体谅别人的风度，同时也让对方意识到自己的话一文不值。

你不能堵上别人的嘴巴，不能拴住他们的舌头，但你却可以决定不让自己受不公正批评的干扰。或许你可以如鲁迅所说的那样："最高的轻蔑，是连眼珠子都不转过去。"

# 指责别人前要先反省一下自己

对我们这些吃五谷杂粮的人来讲，谁都会有这样或那样的缺点。当你对别人的缺点说三道四，这个人怎么样，那个人又怎么样时，其实你自己身上的毛病也不少。

某部队在阅兵列队时，一个很严厉的长官径直走到一个士兵面前命令他："把上衣口袋的扣子扣上！"士兵很紧张地问："是现在吗？"长官说："是的。"于是士兵小心翼翼地把长官的上衣口袋的扣子扣上了。

这虽是个笑话，却折射出一个道理：正人先正己。我们看待他人时，最容易看到的是他人的缺点，却对自己的缺点熟视无睹。对某些人来说，评判别人比吃家常便饭容易，反省自己却比登天还难。

爱因斯坦的父亲曾给他讲了这样一个故事：

"昨天我和杰克大叔一起打扫南边的一个大烟囱，那烟囱只有踩着里面的钢筋踏梯才能上去。杰克大叔在前面，我在后面。我们爬上去清扫完后，又按照这个次序下来。当我俩从烟囱里出来后，我发现杰克的后背、脸上全都被厂房里的灰蹭黑了，我想自己一定也很脏，便到附近的河里仔细地洗了一下。可是杰克大叔呢？他看我很干净，以为自己与我一样，只草草洗了洗手。结果，他走到街上遭到了路人的耻笑，人家还以为他神经不正常呢！"

其实，人就是这样，我们常不自觉地将目光盯在他人的缺点上，拿着放大镜到处放大别人的缺点，却往往疏于检查自己的缺失。据说，普罗米修斯创造了人，又在每人的脖子上挂了两只口袋，一只装别人的缺点，另一只装自己的。他把那只装别人缺点的口袋挂在胸前，另一只则挂在背后。因此人总能看到别人的短处而忽略自己的短处。

每个人都有缺点，有缺点没什么可怕的，可怕的是认识不到自身的缺点。更可怕的是，他们非但如此，还会极力贬低别人，嘲笑别人的缺点。假如你喜欢挖掘别人的缺点，想方设法去抓别人的小辫子，别人也可能像你一样揪着你的缺点不放，那你就会处处树敌，最终背上尖酸刻薄的骂名不说，还会陷入孤立无援的境地。

《弟子规》中有云："见人恶，即内省，有则改，无加警。"这句话的意思是：看到别人的缺点或不良的行为，要反躬自省，检讨自己是否也有这些缺点，假如自己确实有这些缺点就要改正，没有这些缺点就警惕自己不要犯同样的错误。子曰："见贤思齐焉，见不贤而内自省也。"这也是同样的道理。这些都告诫我们，他人的缺点对自己也有教益作用。我们应该反省自己，随时修正自己的行为。

我知道，你也有自尊心，也担心自己有缺点，并且相信你若是发现自己存在不足一定会改正过来，而不希望被别人指出来，更不乐意把自己的缺点和错误让别人张扬出去，而破坏别人对你的印象。假如这样，我希望你也不要过于关注他人的缺点，而是把改正缺点、错误的重点转移到自己的身上来。当你厌恶别人的某个缺点时，你是否也想到自己身上也有同样的缺点呢？当你要求别人改正缺点时，你是不是也要求过自己呢？

比方说，某天你走夜路回家，不小心踩到一个香蕉皮滑倒，于是你大骂道："哪个天杀的，乱扔东西！"其实，你忘了你也经常随地扔空饮料瓶、瓜子皮。

在公交车上，你旁边的人大声打电话，你心里说："多没素质，这是公共场所，怎么一点都不注意对他人的影响呢！"其实，你忘了，你也经常在公交车、餐厅里旁若无人地给好友打电话，而且你说话的分贝也不小。

自然，指责别人无妨，但在指责前，请先照照镜子，因为，你的身上可能也会有这些缺点。即便没有同样的不足，人无完人，你在其他方面也会存在缺陷，难道不是吗？

　　苏格拉底说，一个没有检视的生命是不值得活的，人只有透过自我内省才能拥有美德与道德。试着"看到别人的缺点，反省自己的行为"，这不仅是一种美德，也应成为一种习惯。

# 其实，生活中每个人都值得学习

十个手指头伸出来还有长短，人不可能都是优点，全是长处。我们应该善于认同别人之长，找到差距，用人之长补己之短。可悲的是，很多人自以为什么都行，这种"自我感觉良好"会害死人！

还记得你和同事、朋友最热衷的事情是什么吗？是不是喜欢谈论别人的缺点？假如某个人跟你说，哪个牌子的东西好用时，你是不是习惯性地先想到它的缺点？当别人谈论某人不好时，你是不是也极力地在脑海中搜索他还有什么不好之处？仔细想想这样的思维让自己得到了什么？开心？没有。知识？也没有。提高？更没有了。那你为什么要这样做？

问题不在于别人，而在于我们给自己怎样的暗示。我们的心理好像形成了一种定式——发现缺点，再发现缺点，因此看不惯别人。这是因为我们只看到别人的一个方面，而且是存在缺点的方面，却没有看到别人其他的长处。我们要养成一个良好的心理暗示——主动发现别人的优点。

孔子曰："三人行，必有我师焉！择其善者而从之，其不善者而改之。"每个人都有自己的长处和短处，仔细地去寻找，即便在那些有着明显缺点的人身上，也会找到值得赞赏的优点。换而言之，无论一个人多优秀，他也不可能在各方面都擅长。关键是你想要得到什么。假如你想要在人和事身上寻找缺点和错误，你会极其容易地找到许多。喜欢挑剔的人，即使在天堂里也能随时找到毛病。这样，就算给你再好的老师，你也无法学到任何东西，而学不到东西就只有退步的份儿了。相反，看别人的优点比看别人的缺点能让你得到更多。

不要崇拜偶像，每一个人都是学习的对象。《论语》中有云："夫子焉不学，而亦何常师之有？"随时随地向一切人学习，谁都可以是你的老师。不知你发现没有，所有的成功人士几乎都有一个共同的特点，那就是善于学习并且能够借鉴别人的优点和长处。在历史中，这样的事例不胜枚举：

林肯是美国人心目中很有威望的总统之一。林肯成功的秘诀是：每个人都可能做自己的老师。他年轻的时候，经常和农夫、商人、律师商讨国家大事、世界之事，从他们身上学习到许多的知识和道理。

诸葛亮神机妙算、足智多谋，即便如此，他也曾向刘备学习战略战术。他欣赏刘备善抓战机、干练果断的优点，并且用刘备的长处来弥补自己的不足。

文学家欧阳修年轻时与两个写作不错的年轻人比赛，最后，大家一致认为，写得最慢的那个人的文章最好。欧阳修并没有嫉妒他，而是天天向那个人请教。

钟隐年轻时已是个很有名气的画家了，在当时的社会里，他的身份、地位算是比较高的。可是，他为了学习郭乾晖的一技之长，不惜隐姓埋名、屈身为奴。

……

或许你认为跟着别人学是抬高了别人贬低了自己，这是大错特错的。学习别人的智慧不是一种示弱的表现，而是更有智慧的表现。只要你树立"活到老、学到老"的观念，放下"架子"，丢掉"面子"，虚心地向他人请教。见先进就学，见好经验就学，只有这样你才能不断地进步，你才能站在巨人的肩膀上，看得更高，走得更远。

# 无能与无所不能只差一点点

你周围肯定有事业成功的人，他们可能是你的高中同学，也可能是多年前你的一个同事。面对他人的成功，你是失望了还是绝望了？你会不会觉得自己非常无能？每个人对别人的成功或多或少都有一点儿"酸葡萄心理"，要说一点儿没有那是假的。问题在于你怎么对待别人的成功。虽然你的处境很尴尬——你经常被打倒，甚至有时根本不知道是什么阻挡了自己，是人？是物？还是你自己？每一次自己都被嶙峋的现实给弄得浑身是伤，你越挣扎，情况就变得越糟。但是，无能并非是你真实的现状，也不是最后的结果。承认自己的无能才是最大的无能。上天是公平的，它为每个人提供了生存和挑战的舞台，但却不会让人简简单单地成功。你不要让别人的成功打倒自己，要给自己积极的暗示。假如你不断奋斗，成功还会远吗？

还记得那首《不要认为自己没有用》的歌吗？

很多时候我们都不知道，

自己的价值是多少，

我们应该做什么，

这一生才不会浪费掉。

我们到底重不重要，

我们是不是很渺小，

深藏心中的那一套，

人家会不会觉得可笑。

不要认为自己没有用，

不要老是坐在那边看天空，

> 如果你自己都不愿意动，
>
> 还有谁可以帮助你成功？
>
> 不要认为自己没有用，
>
> 不要让自卑左右你向前冲，
>
> 每个人的贡献都不同，
>
> 也许你就是最好的那种。
>
> ……

假如每天都抱怨自己无能，是不是生活会越来越黑暗？说自己无能只是为了逃避生活的挑战。现在，你要的是改变自己。改变有多难？改变起来就知道了！到今天为止，你拥有的想法和你选择的心态，造就了现在的你；当你开始改变后，你拥有的想法和选择的心态将造就一个未来的你。以下是你需要注意的几点。

（1）你要知道：你在这里被击败了，可能是走错了路线，你还可以从别处爬起来；你做不好业务，可能擅长文案；你看到数字就头大，兴许口才不错，适合做营销。

有个男孩参加了二次高考，但都名落孙山。他的母亲很伤心，认为他是个不长进的孩子，什么都学不会。男孩跟母亲要了一些路费，要出去开创自己的事业。多年后，他回来了，成了一位非常有名的厨师，他做出的每一道菜都是色香味俱佳，深得人们的喜爱。他对母亲说："我之所以那么努力，是为了证明我并不是无能，而是大学里没有我的位置，但在生活中总会有一个位置是属于我的，而且是成功的位置。"听到这里，母亲激动得流下热泪。

许多人都在生活中苦苦寻觅着自己的位置，遇到打击和失败都是正常的，但条条大路通罗马，只要你努力进取，总有一条路属于你！

（2）最重要的事情不是"打败别人"，而是"成为最好的自己"。美国作家威廉·福克纳说过："不要竭尽全力去和你的同僚竞争。你应该在乎的是，你要比现在的你强。"有人看到周围强手如林，心里就莫名其妙地开始恐惧，简直到了输不起的程度。他们可能错误地理解了"最好"的含义——战胜别人。他们没有想到，真正的最好是"成为最好的自己"。认识到自己的激情所在，不要压抑它，把它开发出来，你可以看到，你的价值就在这里。

需要注意的是，假如你总为自己设定"最好的"目标，就会发现，做到"最好"太难了，山外有山，人外有人，"最"是个动态的趋势，你超过了那个，又被别人超过了。这样一来，成为"最好的"不是一个目标，而是一个拿来折磨自己的重担了。那么，我问你，"最好的"是凡尔纳、是姚明、是韩寒，还是别人？每个人都有自己的特质，每个人都有自己的优势和劣势，干吗非要成为"最好的别人"？

（3）成功不是将来才有的，而是从决定去做的那一刻起，持续累积而成的。你不要只看到别人成功的结果，而不去看别人成功的过程。在任何一个领域里，不努力去行动的人，就不会获得成功。就连凶猛的老虎要想捕捉一只弱小的兔子，也必须全力以赴地去行动，不行动、不努力，就捕捉不到兔子。要想成功，你就要比别人多努力一点。

（4）要学会借鉴他人的成功模式。人们常常沉溺于自我摸索，不屑于观察和模仿别人，这样容易失去借鉴的机会，最后吃亏的还是自己。我们应深入思考别人取得这些成就的原因，思考别人的哪些经验可以为我所用，然后再运用到自己的实践中去！

（5）你要比别人飞得快，甚至敢在前头，必须有一些属于自己的东西，或者有新的发现。否则，你永远只能跟在别人的后面。

从无能到有能，从有能到多能，从多能到无所不能，有一段坎坷的路要走。总之，你怎样导演你的人生，你的人生就会呈现出怎样的景象。与其羡慕别人的成功，不如自导自演一个多姿多彩的自己。

# 在生活中，气场一定要够才行

　　"气场"是一个比气质更上一层的字眼儿。何谓气场？你可能听周围的人经常说："事没谈妥，气场不足！"这不是玩笑话，你、我、他，每个人都有自己的气场。气场这东西说起来很玄妙，美国心灵励志大师皮克·菲尔则专门写了《气场》一书来阐述此道："（气场）这个词总是让人困惑。正如他们在生活中遇到的许多麻烦一样，很难找到根本的解释。气场是吸引力，使得人们的目光总是被你吸引，不论你是好人还是坏人，都受人关注……每个人都有一种独特的气场，无论它给你带来的是好运，还是让你讨厌的坏运气。"在我看来，气场就是由一个人的性格、言行举止而形成的个人魅力，带有很强的个性化因素，可以说是一种气质、一种感觉，也可以说就是一种习惯性的印象。文字可以掩盖人的内心，言辞可以掩饰人的情绪，但气场不会。有的人凶神恶煞，处处压着别人，只会让人感到讨厌；而有的人不动声色，却不怒自威、大义凛然。这就是气场的不同。若是气场相投，人们就会相互吸引，和谐相处，反之亦然。

　　有人会说，气场这东西只有明星、富人才有。此言差矣！气场的强大是内心的强大，有先天的成分，但是也需要后天的培养。有气场的人不是卸妆后就柔弱了，没钱没势后说话就底气不足了，他们的霸气是融入骨子里的。

　　秦人陈胜年轻时给人耕田种地，长年累月像牛马一样受苦受罪，觉得很窝囊。有一次，耕作中他忽然停下手来，走到田垄上，握拳作势，抑郁愤恨了许久，仰天长叹："王侯将相宁有种乎？"他还对伙伴们说："要是谁将来富贵了，彼此都不要忘掉。"伙伴们嘲笑他："你是被雇用来耕田的，哪里来的富贵呢？"陈胜叹息道："唉，燕雀安知鸿鹄之志哉！"这个就是强人的气场，一听陈胜这话就知道，此人不简单，能成大事。

塑造气场不是用钱就能解决的，即便你穿上职业套装，假如没有气质，一切也都是徒劳。不注重内在，人的气场也是残缺不全的。你可能有过这样的经历：第一次和某人见面，觉得对方容貌出众、衣着光鲜，但只要他一开口或是一迈腿，此人内在的浅薄就显露了出来，我们就会对其失望。因此，你也要注重内在素养的修炼。

在电视剧《三国演义》中，诸葛亮运筹帷幄之间，决胜千里之外的那份谋略；羽扇纶巾，谈笑间杀敌于无形的那份从容都让观众崇拜不已。等到刘备托孤时，诸葛亮失去了年轻时那种神采奕奕了，可他所散发的气场不仅没有比年轻的时候弱，反倒是越来越强了，这就是老练、遇事沉稳的气质营造的气场。这种气场所带来的已经不单是美了，而是十足的震撼。

火车不是推的，泰山不是堆的，牛皮不是吹的，气场也不是靠摆造型、端架子做出来的。只有在心态上进行调整，在细节上做出改变，你的气场才会慢慢凝聚。

（1）自信。一个自信的人举手投足之间那种迷人的气质就足以击溃他人的心。气场并非是政要和明星们所独有的，平常人也能通过后天培养出自己的气场，也可以一样"那么自信，那么有能力，简直无所不能"，只要你相信凡事"有我就有戏"。

（2）眼光要有神。双眼假如没有神采，黑眼圈难以掩饰，气场一定会直线减弱。让你的双眼顾盼有神，是让气场变强的主要一步。

（3）男人要有风度，女人要有独立的人格。

（4）要成熟但不要沧桑。

（5）富有能力。气场强的人是因为你感觉他是有能力的，气场弱的人是因为你认为他的能力并不及你。你可以认真地了解自己的优势和不足，相信自己的能力，从容面对自己的不足并不断充实自己。

（6）不要对什么都抱无所谓的态度。一个对自己的人生漫无目的的人，是不会有强大的气场的。人总得追求点儿什么才不枉来人世这一遭。至于你追求什么，就请问一问你的心。有的人追求事业的成功，有的人追求财富的积累，有的人追求人生的逍遥——追求不同，气场也会不同。追求成功的人的气场霸道，追求逍遥的人的气场宁静。但不管是霸道还是宁静，都会影响周围的人，都会让周围的人不自觉地迎合这强大的气场。所以，给自己一个追求的目标，并不懈努力，你才会有气场。

（7）要有高素质，姿态从容。不是只有富人才有气场。一个穷人，只要着装整洁，态度不卑不亢，行为举止有君子之风，他就拥有迷人的气场。而一个暴发户，是令人反感的。

（8）低调并不等于没有气场。低调也能散发出个人魅力。那些气场强大的人，无一例外都很低调。只有没有气场却还想硬装的人，才处处高调，让人讨厌。

强大的气场不是一朝一夕就可得来的，它需要长久的修炼和岁月的累积。也正是这个原因，年轻人很少能有强大的气场。也正因为如此，年轻人更应该在工作和生活中注意气场的修炼。这样随着时间的积累，气场就会越来越强大，等到事业处于关键时期时，才能用气场影响别人，提升自己的人气和魅力，帮助自己获得事业和人生的成功。

# 找个优秀的对手去较量

一提到"对手"，你可能会立刻产生敌意和戒备。因为你认为对手是可恨的，他是你前进中的绊脚石，他的出现预示着你将地位不保，你恨不得马上"掐死"他。但是反过来想一想，有一个对手绝非坏事，有了竞争的对象，你才有干劲儿、有目标、有动力。有一首小诗是这样评价赛场上的对手的：

你是我的对手，

但你不是我的敌人。

你的努力，

使我奋起，

你的决心，

坚定了我的信念。

超越的欲望与被超越的恐惧，

使我加快了步伐。

你的失败，

并不带给你屈辱，

只带来我对你的尊敬。

因为你，

我才有成功。

确实如此，一个强劲的竞争对手会让你克服惰性，自省身上的不足，并时刻感觉危机四伏，逼迫你努力地投入到"斗争"中去，并想办法成为胜利者。

　　1988年，美国陆军最优秀的坦克防护装甲专家乔治·巴顿中校接受了研制M1A2型防护装甲的任务。为了研发世界上最坚固的防甲，他邀请自己的"天敌"——舒马茨一起来攻克这个难题。舒马茨是著名的破坏力专家。在研制的过程中，舒马茨要不遗余力地把巴顿研制的坦克装甲炸个稀巴烂，巴顿则不断地提高装甲的防御力。在这样不断的"破坏"和"反破坏"中，巴顿一次又一次地更换材料、修改设计方案，最终他研制出了舒马茨使尽浑身解数也未能破坏的装甲。这种名为M1A2型的坦克防护甲是当时世界上最坚固的，它可以抵抗时速超过4500公里、单位破坏力超过13500公斤的打击力量。巴顿与舒马茨这两个技术上的"冤家"同时荣获了紫心勋章。

　　在解释为什么请舒马茨来做搭档时，巴顿说："因为他最强大。以强者为对手，是让自己成功的捷径，假如成功有捷径的话。"

　　巴顿利用对手来提高自己，可见对手是我们最好的鞭策，能给我们最大的向上的动力。"对手，实现梦想的另一只手。"人的一生是一场追逐，在你追我赶中，总有一个叫对手的人，从开始陪你走到最后。有对手这个参照物，你会不断地激励自己，吸取他人的优点，强壮自己，磨炼自己。换个角度讲，真正促使你成功并让你坚持到底的，未必是顺境，而往往是你的"对手"。对手越强大，你成长的空间就越大。一旦失去对手，你可能就会逐渐放松对自己的要求，不再继续努力，最后沦为平庸的大多数。

　　一位动物学家在观察生活于非洲奥兰治河两岸的动物时，注意到河东岸和河西岸的羚羊大不一样，前者繁殖能力比后者更强，而且奔跑的速度每分钟要比后者快13米。同一种羚羊怎么会出现如此大的差距呢？他感到十分奇怪，观察一段时间后，他终于揭开了谜底。原来河东岸的羚羊之所以身体强壮，只因为它们附近居住着一个狼群，这使羚羊天天处在一种竞争环境中。为了生存下去，它们变得越来越有战斗力。而河西岸的羚羊没有天敌，它们每天优哉游哉，逐渐丧失了生存的能力。

　　仔细想想，我们又何尝不是如此呢？一个人若没有对手就会变得骄傲自满、自高自大，就意识不到自己与他人的差距，体会不到竞争的激烈。假如你也在人生之路上迷茫，不知成功的路标何在，那么先给自己找个PK的对手吧！

给自己找一个对手，并不是盲目地寻找"对手"，也不是寻找"敌手"。我们不能逞一时之强、逞一时之能和逞一时之勇，而到处树敌和招惹事端。你要抱着友好的态度去和他竞争，最好能主动接近他，与之成为朋友。这样，你才更易于发掘他身上的优点。

物色到合适的"对手"后，你要拿他好好地和自己比较一番。看看人家的长处是什么，做事是否有捷径，你应该从哪方面开始实施"赶超"计划。只要你落实到行动上，相信你不久就能和他并驾齐驱，然后超越他！等超越现在的"对手"后，你可以再跟住另一个"对手"，并且再超越。这样不断地进步，何愁不能成功呢？

马云说："对手死了，你一定活不好，一定需要有一个对手。"王力宏有一首歌唱道："碰上对手，才会着迷。你不要转身离去。"不管你是干大事业也好，做小买卖也罢，找个优秀的"冤家"去PK，哪怕偷偷地摩拳擦掌，在暗地里向对方"宣战"，也一定会取得意想不到的成绩——哪怕是卖牛肉面，你也能成为最棒的"牛肉面大王"！